三峡库区岸线资源保护与利用

江　新　宋思敏　谢秋俊　著

科学出版社

北　京

内 容 简 介

河流岸线资源是我国重要的生态资源之一，长江岸线资源作为支撑长江经济带发展的重要资源，是沿江重要国民经济设施建设的载体。合理、高效地利用长江岸线资源，结合长江流域不同地区的岸线特点及开发利用与保护的要求，提升社会和生态环境效益，是保障长江岸线绿水青山、促进经济发展和环境保护双赢的重要条件。本书以三峡库区岸线资源保护与利用为对象，在系统总结与分析国内相关政策法规和实施成果、国内外研究进展的基础上，结合作者实地调研经历和研究积累，对库区岸线资源利用的合理性和效益进行评价与分析。

本书可供水利交通、水资源管理、土木工程等相关领域的研究学者和规划工作者，以及相关部门的管理者、高等院校相关专业师生参考阅读。

图书在版编目（CIP）数据

三峡库区岸线资源保护与利用/江新，宋思敏，谢秋俊著.—北京：科学出版社，2022.11
ISBN 978-7-03-073244-6

Ⅰ.① 三… Ⅱ.① 江… ②宋… ③谢… Ⅲ.① 三峡水利工程-湖岸线-资源保护-研究 ②三峡水利工程-湖岸线-资源利用-研究 Ⅳ.① TV632

中国版本图书馆 CIP 数据核字（2022）第 176894 号

责任编辑：邵 娜 张 湾/责任校对：高 嵘
责任印制：彭 超/封面设计：无极书装

科学出版社 出版
北京东黄城根北街 16 号
邮政编码：100717
http://www.sciencep.com

武汉中科兴业印务有限公司印刷
科学出版社发行 各地新华书店经销
*

开本：787×1092 1/16
2022 年 11 月第 一 版 印张：14 1/4
2022 年 11 月第一次印刷 字数：337 000
定价：128.00 元
（如有印装质量问题，我社负责调换）

前　　言

河流岸线是指河流两侧、湖泊周边一定范围内水陆相交的带状区域，它是河流、湖泊自然生态空间的重要组成。随着滨岸带开发活动的增多，尤其是港口航运对岸线开发需求的增大，人们对岸线的认识逐步突破了水文地貌学的概念，认识到岸线也富集着资源。岸线资源是土地资源概念的拓展，在土地资源基础上叠加岸线在港口航运、城市生活、生态系统保护等方面的独特属性，是融合土地资源、水资源及生态等内涵的新型资源。合理保护与科学开发、利用岸线资源，对保障库岸稳定、确保防洪和供水安全、发展航运、维护生态系统良性循环及河流健康、促进经济社会可持续发展都具有十分重要的作用。

2013 年，中国共产党十八届三中全会首次提出要健全自然资源资产产权制度和用途管制制度。新形势要求岸线作为资产，应明晰产权，并合理定价，发挥市场在生态环境资源配置中的作用。而三峡库区具有特殊的地理位置，作为黄金水道，是实施"一带一路"倡议的重要依托，《国务院关于依托黄金水道推动长江经济带发展的指导意见》（国发〔2014〕39 号）又明确提出"促进长江岸线有序开发"。2016 年 1 月，习近平总书记在重庆市召开的推动长江经济带发展座谈会上发表了"共抓大保护、不搞大开发"的重要讲话，确立了岸线资源为区域经济社会发展的重要驱动和生态环境保护的关键要素。

长江流域是世界第三大流域，自三峡工程 2003 年分阶段逐步蓄水后，形成了新的库区岸线。三峡库区岸线作为港口码头、道路桥梁、工业仓储、旅游休闲等重要国民经济设施建设的重要载体，既是库区沿江地区经济社会发展的优势，又是保障三峡库区"一江清水、两岸青山"及构筑长江上游生态屏障和防止污染物入江的防线。新形势把沿江岸线资源的开发、利用推到了长江经济带建设的重要引擎的位置，岸线合理功能定位也成为长江大保护的重点目标。在长江经济带"共抓大保护、不搞大开发"新的发展理念下，库区岸线资源开发功能如何定位，岸线生态功能如何发挥，岸线资源保护、利用效益和影响如何客观、科学地评价，岸线资源保护和利用效益如何提高，岸线资源管理模式如何优化等，对库区岸线资源的合理有序开发和可持续利用、维护库区良好生态环境、促进库区经济社会可持续发展、拓展三峡工程综合效益、更好地完成三峡后续工作规划任务和目标具有重要意义。

本书试图在国内外众多研究成果的基础上，归纳、整理出岸线资源规划与利用的框架。本书共分 11 章，分别为三峡库区岸线资源保护现状、三峡库区岸线资源保护利用需求分析、三峡库区岸线管理措施初步研究、三峡库区岸线资源保护利用效益评价体系、三峡库区岸线资源保护利用影响评价体系、三峡库区港口岸线资源利用合理性评价体系、典型岸线资源保护利用效益评价实践、基于实地考察的典型岸线资源保护利用影响评价实践、基于调查问卷的典型岸线资源保护利用影响评价实践、三峡库区港口岸线资源利用合理性评价实践以及三峡库区岸线管理措施和建议。

本书的出版得到三峡大学学科建设项目的资助（supported by the project of discipline construction in CTGU），特此致谢。本书主要由江新、宋思敏、谢秋俊完成。其中：江新负责指导、统筹全书的编写、汇总和统稿工作，并撰写前言、第 1 章、第 3～5 章；宋思敏负责撰写第 2 章、第 8～9 章；谢秋俊负责撰写第 6～7 章、第 10～11 章。

由于作者水平有限，书中如有不当之处，敬请广大读者批评指正。

作 者

2022 年 2 月

目　　录

第 1 章

三峡库区岸线资源保护现状

　　岸线资源是我国生态保护和开发的重要资源，岸线资源的保护与岸线资源的利用效益密切相关。本章以三峡库区的岸线资源为背景，综合梳理三峡库区的岸线资源现状，岸线功能区划分，岸线资源利用现状，以及当前岸线资源利用和保护存在的主要问题，以期为读者阐述本书的问题背景，为基于三峡库区岸线资源保护和利用进行分析与讨论奠定理论基础。

三峡库区水系众多，三峡库区的岸线资源十分丰富。为贯彻《国务院关于依托黄金水道推动长江经济带发展的指导意见》的精神，按照《2015年推动长江经济带发展工作要点》的部署，水利部、交通运输部、国土资源部①牵头开展了《长江岸线保护和开发利用总体规划》的编制工作。2016年9月，水利部、国土资源部正式印发由长江水利委员会技术牵头编制完成的《长江岸线保护和开发利用总体规划》（以下简称《岸线规划》）。《岸线规划》中划定的三峡库区范围内河流岸线的控制线总长为2 586.36 km（规划范围包括长江干流、嘉陵江及乌江，未计入其他中小支流岸线长度）。其中，库区长江干流岸线长2 183.62 km，嘉陵江岸线长176.79 km，乌江岸线长225.95 km，分别占岸线总长度的84.43%、6.83%和8.74%。

库区重庆市段岸线长度为2 356.59 km，占岸线总长的91.12%，湖北省段岸线长度为229.77 km，占岸线总长的8.88%。在长江干流中，库区重庆市段岸线长1 953.85 km，占干流长度的89.48%，库区湖北省段岸线长229.77 km，占干流长度的10.52%。嘉陵江流域库区重庆市段岸线长176.79 km，占嘉陵江岸线长度的100.00%。乌江流域库区重庆市段岸线长225.95 km，占乌江岸线长度的100.00%。库区各区县岸线长度统计表如表1.1所示。

表1.1　库区各区县岸线长度统计表

库区	区县	岸线长度/km			
		长江干流	嘉陵江	乌江	合计
重庆库区	江津区	32.50	0	0	32.50
	主城区	269.75	135.56	0	405.31
	巴南区	121.22	0	0	121.22
	渝北区	24.76	41.23	0	65.99
	长寿区	62.61	0	0	62.61
	武隆区	0	0	132.61	132.61
	涪陵区	245.31	0	93.34	338.65
	丰都县	128.50	0	0	128.50
	忠县	201.78	0	0	201.78
	石柱县	42.10	0	0	42.10
	万州区	235.07	0	0	235.07
	开州区	0	0	0	0
	云阳县	309.11	0	0	309.11
	奉节县	122.27	0	0	122.27
	巫溪县	0	0	0	0
	巫山县	158.87	0	0	158.87
	小计	1 953.85	176.79	225.95	2 356.59

---

① 中华人民共和国国土资源部于1998年3月设立，并于2018年3月撤销。

续表

库区	区县	岸线长度/km			
		长江干流	嘉陵江	乌江	合计
湖北库区	巴东县	73.88	0	0	73.88
	兴山县	0	0	0	0
	秭归县	141.58	0	0	141.58
	夷陵区	14.31	0	0	14.31
	小计	229.77	0	0	229.77
总计		2 183.62	176.79	225.95	2 586.36

1.1　三峡库区岸线资源利用概况

岸线作为河道两侧（或洲岛周边）的水陆分界带，既具有行洪、调节水流和维护河流健康的自然与生态环境功能属性，又在一定情况下具有可开发利用的土地资源属性。我国对河道岸线的开发利用由来已久，人多地少的特殊国情也推动和加快了岸线资源的开发利用。针对三峡库区岸线利用项目的主要类型，并结合本书的目标任务，对已利用岸线进行分类和功能特点分析。岸线利用主要涉及港口码头、取排水口、跨（穿）江设施、综合整治工程、跨江设施（桥梁）等工程类别，基于此次库区岸线利用现状及效益分析研究的区域与目的，本书选择港口码头、综合整治工程（包括防洪护岸工程及生态整治工程）、跨江设施（桥梁）三种工程类别作为主要研究对象。

港口码头：指用于提供公众交通服务的各类公共码头（隶属于交通运输部或省级地方行政部门）和货主码头（隶属于集体或私营的运输公司），占用岸线，包括为地方（省级以下地方行政部门）运输服务的同类码头。这些港口是最主要的中转、换装港，运输量大，对岸线的水深条件、岸线稳定性、岸线水域和陆域纵深尺度等要求较严格。渡口包括汽渡、人渡等，本次现场调研的渡口码头主要包括重庆市万州区红溪沟码头（斜坡式）（图 1.1.1）、重庆市万州区沱口码头（直立式）（图 1.1.2）、重庆市涪陵区攀华码头（斜坡式与直立式结合）（图 1.1.3）。

图 1.1.1　重庆市万州区红溪沟码头（斜坡式）

图 1.1.2 重庆市万州区沱口码头（直立式）

图 1.1.3 重庆市涪陵区攀华码头（斜坡式与直立式结合）

综合整治工程：以有效治理消落带、修复生态环境、根治滑坡、稳定库岸、改善人居环境、提高防洪能力为主，兼有改善城市交通、确保水陆交通干线畅通、推动城市建设、促进城市发展及生态环境改善等综合效益的岸线利用工程。根据工程主要功能定位的侧重点不同，综合整治工程可进一步细分为防洪护岸工程与生态整治工程，本次现场调研的防洪护岸工程包括重庆市万州区陈家坝防洪护岸工程（图 1.1.4）、重庆市涪陵区长江北岸移民安置区防洪护岸工程（图 1.1.5）、重庆市渝中区嘉滨路和长滨路连接段防洪护岸综合治理工程（图 1.1.6）；生态整治工程包括重庆市渝中区珊瑚坝综合整治工程（图 1.1.7）、湖北省秭归县凤凰山库岸整治工程（图 1.1.8）、重庆市江北区黄花园大桥至大佛寺长江大桥岸线综合整治工程（图 1.1.9）。

跨江设施（桥梁）：指具有承载能力的架空建筑物，主要作用是供铁路、公路、渠道、管线和人群跨越江河、山谷或其他障碍，是交通线的重要组成部分。跨江桥梁有助于对临江设施进行统筹整治，打造城市滨江文化和景观功能。本次现场调研的跨江设施（桥梁）包括重庆市涪陵区李渡长江大桥（图 1.1.10）、重庆市涪陵区石板沟长江大桥（图 1.1.11）、重庆市涪陵区涪陵长江大桥（图 1.1.12）。

图 1.1.4　重庆市万州区陈家坝防洪护岸工程

图 1.1.5　重庆市涪陵区长江北岸移民安置区防洪护岸工程

图 1.1.6　重庆市渝中区嘉滨路和长滨路连接段防洪护岸综合治理工程

图 1.1.7　重庆市渝中区珊瑚坝综合整治工程

图 1.1.8　湖北省秭归县凤凰山库岸整治工程

图 1.1.9　重庆市江北区黄花园大桥至大佛寺长江大桥岸线综合整治工程

图 1.1.10　重庆市涪陵区李渡长江大桥

图 1.1.11　重庆市涪陵区石板沟长江大桥

图 1.1.12　重庆市涪陵区涪陵长江大桥

1.2　三峡库区岸线功能区划分

岸线功能区划分是按照岸线资源的自然属性、经济社会功能属性及不同利用要求，将岸线划分为不同利用与管理对象的区段。合理划分岸线功能区是岸线保护与利用管理规划的核心内容之一。根据《岸线规划》，三峡库区所在的长江干流及支流段，岸线功能区分为保护区、保留区、控制利用区和开发利用区四类。

1.2.1　岸线保护区

岸线保护区是指对库容保护、流域防洪安全、河势稳定、供水安全、生态环境保护、重要枢纽工程安全、珍稀濒危物种及独特的自然人文景观保护等至关重要而禁止开发利用的岸段，《岸线规划》对岸线保护区的划分有以下三类情况。

（1）为确保防洪安全、河势稳定划定的岸线保护区。开发利用可能影响防洪安全、河势稳定的岸段，划分为岸线保护区。

（2）为保障供水安全划定的岸线保护区。列入各省（直辖市）集中式饮用水水源地名录的水源地及其保护区划分为岸线保护区。规划范围内涉及水环境综合治理、引排水等重要水利工程，其口门上下游一定长度的岸线划分为岸线保护区。

（3）为保护生态环境划定的岸线保护区。根据有关法律法规，将国家级和省级自然保护区的核心区划分为岸线保护区、国家级风景名胜区的核心景区划分为岸线保护区。现行法律法规对水产种质资源保护区未提出禁止性开发要求，但地方政府明确提出了严格保护要求的部分水产种质资源保护区岸线划分为岸线保护区。

《岸线规划》共划分三峡库区岸线保护区 62.36 km，占三峡库区岸线总长度的 2.41%。其中：长江干流划分的保护区长度为 35.10 km，占长江干流岸线总长的 1.61%；嘉陵江划分的保护区长度为 19.37 km，占嘉陵江岸线总长的 10.96%；乌江划分的保护区长度为 7.89 km，占乌江岸线总长的 3.49%。

1.2.2 岸线保留区

岸线保留区是指规划期内暂时不开发利用或者尚不具备开发利用条件的岸线区。按照河势条件、生态敏感区保护、城市生活生态岸线建设需要及经济社会发展需求等因素,《岸线规划》对岸线保留区的划分有以下四类情况。

(1)因暂不具备开发利用条件划定的岸线保留区。将河势变化剧烈,岸线开发利用条件较差,或者河道治理和河势调整方案尚未确定等暂不具备开发利用条件的岸段,划分为岸线保留区。

(2)为生态环境保护划定的岸线保留区。自然保护区缓冲区划分为岸线保留区,实验区一般划分为岸线保留区,水产种质资源保护区、国家湿地公园等生态敏感区一般划分为岸线保留区。

(3)为满足生活、生态岸线开发需要划定的岸线保留区。满足城市生态公园、江滩风光带等生活、生态建设需要的岸段,划分为岸线保留区。

(4)因规划期内暂无开发利用需求划定的岸线保留区。将虽具备开发条件,但经济社会发展水平较低,规划期内暂无开发利用需求的岸段,划分为岸线保留区。

《岸线规划》共划分三峡库区岸线保留区 1 282.28 km,占三峡库区岸线总长度的49.58%。其中:长江干流划分的保留区长度为 1 118.89 km,占长江干流岸线总长的51.24%;嘉陵江划分的保留区长度为 36.01 km,占嘉陵江岸线总长的 20.37%;乌江划分的保留区长度为 127.38 km,占乌江岸线总长的 56.38%。

1.2.3 岸线控制利用区

岸线控制利用区是指岸线具有一定的开发利用价值,但沿岸开发利用要求不迫切,或者开发利用岸线资源使防洪安全、河势稳定、河流生态保护存在一定风险,以及开发利用程度较高,需要控制其开发利用程度或开发利用方式的岸线区。考虑现有岸线开发利用程度及限制条件,《岸线规划》对岸线控制利用区的划分有以下两类情况。

(1)需要控制开发利用强度划分的岸线控制利用区。对于岸线开发利用程度较高的岸段,为避免进一步开发可能给防洪安全、河势稳定、供水安全、航道稳定等带来的不利影响,需要控制其开发利用强度的岸段,划分为岸线控制利用区。

(2)需要控制开发利用方式划分的岸线控制利用区。重要险工险段、重要涉水工程及设施、河势变化敏感区、地质灾害易发区、水土流失严重区、需要控制开发利用方式的岸段,划分为岸线控制利用区;根据省级以上人民政府批准的城市总体规划、港口规划,将国家级和省级自然保护区的实验区、风景名胜区、水产种质资源保护区、重要湿地、湿地公园等生态敏感区,以及水源地二级保护区、准保护区内需要控制开发利用方式的部分岸段,划分为岸线控制利用区。

《岸线规划》共划分三峡库区岸线控制利用区 968.18 km,占三峡库区岸线总长度的

37.43%。其中：长江干流划分的控制利用区长度为 847.69 km，占长江干流岸线总长的 38.82%；嘉陵江划分的控制利用区长度为 79.39 km，占嘉陵江岸线总长的 44.91%；乌江划分的控制利用区长度为 41.10 km，占乌江岸线总长的 18.19%。

1.2.4　岸线开发利用区

岸线开发利用区是指河势基本稳定，岸线条件较好，无特殊生态保护要求或特定功能要求，沿岸对岸线开发利用的需求较迫切，岸线开发利用活动对防洪安全、河势稳定、供水安全及河流健康影响较小的岸线区。岸线开发利用区应按保障防洪安全及河势稳定、维护河流健康和支撑经济社会发展的要求，有计划、合理地开发利用。

《岸线规划》共划分三峡库区岸线开发利用区 273.54 km，占三峡库区岸线总长度的 10.58%。其中：长江干流划分的开发利用区长度为 181.94 km，占长江干流岸线总长的 8.33%；嘉陵江划分的开发利用区长度为 42.02 km，占嘉陵江岸线总长的 23.77%；乌江划分的开发利用区长度为 49.58 km，占乌江岸线总长的 21.94%。

经过统计，三峡库区长江岸线功能区总长 2 586.36 km，其中长江干流岸线长 2 183.62 km，嘉陵江与乌江两支流岸线共长 402.74 km。岸线功能区共四类，其中保护区总长 62.36 km，保留区总长 1 282.28 km，控制利用区总长 968.18 km，开发利用区总长 273.54 km。按省市统计，库区重庆市段共划分岸线 2 356.59 km，其中保护区 58.50 km，保留区 1 118.60 km，控制利用区 905.95 km，开发利用区 273.54 km；库区湖北省段共划分岸线 229.77 km，其中保护区 3.86 km，保留区 163.68 km，控制利用区 62.23 km，开发利用区 0 km。

1.3　三峡库区岸线资源利用项目概况

岸线资源是宝贵的自然资源。河道岸线与库岸稳定、防洪、供水、航运及河流生态等关系密切。合理开发利用与科学保护岸线资源，对保障库岸稳定、防洪和供水安全，发展航运，维护生态系统良性循环及河流健康，促进经济社会可持续发展都具有十分重要的作用。三峡库区大部分位于山区，岸线的开发利用程度与当地经济活动紧密相关，岸线利用主要集中在城市附近河段。

1.3.1　岸线利用项目情况

根据 2018 年三峡库区岸线利用项目核查情况，共核查到长江干流岸线利用项目 822 个，库区重庆市段 761 个，库区湖北省段 61 个。其中，港口码头 525 个，防洪护岸工程 84 个，跨江设施（桥梁）69 个，生态整治工程 10 个，取排水口等其他设施 134 个，各岸线功能区内的岸线利用项目统计图如图 1.3.1 所示。

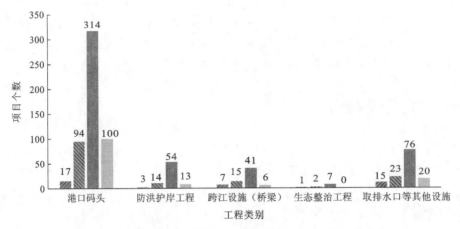

图 1.3.1 各岸线功能区内岸线利用项目的统计图

保护区：共有 43 个项目，其中港口码头 17 个，防洪护岸工程 3 个，跨江设施（桥梁）7 个，生态整治工程 1 个，取排水口等其他设施 15 个。

保留区：共有 148 个项目，其中港口码头 94 个，防洪护岸工程 14 个，跨江设施（桥梁）15 个，生态整治工程 2 个，取排水口等其他设施 23 个。

控制利用区：共有 492 个项目，其中港口码头 314 个，防洪护岸工程 54 个，跨江设施（桥梁）41 个，生态整治工程 7 个，取排水口等其他设施 76 个。

开发利用区：共有 139 个项目，其中港口码头 100 个，防洪护岸工程 13 个，跨江设施（桥梁）6 个，生态整治工程 0 个，取排水口等其他设施 20 个。

综合以上数据发现：①三峡库区岸线保护区及保留区内建有数量较多的港口码头，其中保护区内有 17 处，保留区内有 94 处；②三峡库区岸线控制利用区内共有项目 492 个，其中港口码头 314 个，防洪护岸工程 54 个，跨江设施（桥梁）41 个，生态整治工程 7 个，取排水口等其他设施 76 个，项目总数及各分类项目个数均大于开发利用区内的项目数。

1.3.2 岸线利用长度情况

由 2018 年的核查成果可知，库区已利用岸线长度 457.78 km，岸线综合利用率为 17.70%。库区重庆市段已利用岸线长度 424.89 km，岸线综合利用率为 18.03%，其中以主城区的岸线利用长度最大、岸线利用率最高，分别达到 129.10 km 和 72.42%；库区湖北省段已利用岸线 32.89 km，岸线综合利用率为 14.31%，其中以巴东县的岸线利用长度最大、岸线利用率最高，分别达到 17.27 km 和 23.38%。

按利用方式分：库区重庆市段港口码头利用岸线 124.67 km，占库区重庆市段已利用岸线的 29.34%；综合整治工程以防洪护岸工程为主，利用岸线 221.95 km，占该段已利用岸线的 52.24%；跨江设施（桥梁）利用岸线 22.79 km，占该段已利用岸线的 5.36%；生态整治工程利用岸线 13.06 km，占该段已利用岸线的 3.07%；取排水口等其他设施利用岸线 42.43 km，占该段已利用岸线的 9.99%，以取排水口或穿江设施工程居多。

库区湖北省段港口码头利用岸线 12.10 km，占该段已利用岸线的 36.79%；综合整治工程仅为防洪护岸工程，利用岸线 13.20 km，占该段已利用岸线的 40.13%；跨江设施（桥梁）利用岸线 3.45 km，占该段已利用岸线的 10.49%；生态整治工程利用岸线 1.50 km，占该段已利用岸线的 4.56%；取排水口等其他设施利用岸线 2.64 km，占该段已利用岸线的 8.03%，以取排水口或穿江设施工程居多。

对 2018 年核查成果以功能区进行统计得到各功能区的干流岸线保护利用情况。三峡库区内保护区岸线利用长度共计 18.87 km，利用率为 30.26%；保留区岸线利用长度共计 88.54 km，利用率为 6.90%；控制利用区岸线利用长度共计 283.57 km，利用率为 29.29%；开发利用区岸线利用长度共计 66.80 km，利用率为 24.42%。保护区的利用率最高。

库区重庆市段内保护区岸线利用长度共 16.72 km，利用率为 28.58%；保留区岸线利用长度共 87.22 km，利用率为 7.80%；控制利用区岸线利用长度共 254.15 km，利用率为 28.05%；开发利用区岸线利用长度共 66.80 km，岸线利用率为 24.42%。库区湖北省段内保护区岸线利用长度共 2.15 km，利用率为 55.70%；保留区岸线利用长度共 1.32 km，利用率为 0.81%；控制利用区岸线利用长度共 29.42 km，利用率为 47.28%；库区湖北省段内岸线开发利用区规划长度及利用长度均为 0。

综合分析，库区湖北省段的岸线利用率为 14.31%，库区重庆市段的岸线利用率为 18.03%，库区湖北省段的岸线利用率较低，但其控制利用区的利用率高达 47.28%，且由于省内库区岸线未划分开发利用区，规划岸线长度多集中于保留区，由此可见，库区重庆市段岸线开发利用程度的提升空间比库区湖北省段更大。

在库区重庆市段所划分的区县中：主城区岸线利用长度最长、岸线利用率最高，集中在防洪护岸工程项目上；武隆区、忠县、巫山县岸线利用率低。生态整治工程建设数量较少，只分布在重庆市主城区、万州区、云阳县及巫山县。

对各功能区的利用情况进行分析，三峡库区内保护区的岸线利用率为 30.26%，保留区岸线利用率为 6.90%，控制利用区的岸线利用率为 29.29%，开发利用区的岸线利用率为 24.42%，其中控制利用区及开发利用区岸线主要分布在重庆市段，两个功能区内仍存在较大的岸线可利用量，以岸线长度计算的开发利用区的利用率略低于控制利用区，与两功能区利用项目数量的大小关系一致，未来的岸线利用项目建设应当以开发利用区为重点。

1.4　三峡库区岸线资源利用与保护存在的主要问题

1.4.1　岸线利用存在的问题

（1）开发利用布局不尽合理，影响防洪安全、河势稳定、供水安全及生态环境保护。受历史发展进程影响，在岸线开发利用实践过程中，各个时期的防洪、河势，生态与环境保护，水源地及供水安全等方面的要求不断发生变化，致使部分建设项目的开发利用布局不尽合理。

根据保护区及保留区的划分原则及管理要求，库区岸线保护区因对库容保护、流域防洪安全、河势稳定、供水安全、生态环境保护、重要枢纽工程安全、珍稀濒危物种及独特的自然人文景观保护等至关重要而禁止开发利用，岸线保留区在规划期内暂时不进行开发利用或尚不具备开发利用条件。截至 2018 年，库区岸线利用项目核查成果表明，全库共建港口码头 525 个，其中位于保护区及保留区的港口码头共有 111 个，占比 21.14%，数量较大，这主要是由于在不同时期的岸线利用开发过程中有较多已建项目遗留，与《岸线规划》中岸线保护区、保留区的规划原则和管理要求不符合，相关部门针对这一现象已经开展了相应工作，对保护区及保留区内不适宜建设的港口码头进行了清查整治。

在沿江城镇发展过程中，随着城市范围和规模不断扩大，防洪标准不断提高。老的防洪护岸工程标准较低，各类涉水设施的防洪要求也不一致，存在涉水设施互相影响的隐患。同时，在以往的涉水工程建设过程中，防洪影响研究工作，主要是根据当时的防洪标准就单一工程进行分析计算，岸线整体利用的防洪影响研究不足，尤其是在城市涉水设施较密集的情况下，当发生大洪水时，各类因素叠加，造成洪水水位偏高，淹没损失增加。例如，江津区段防洪标准由 20 年一遇提高到 50 年一遇，原城区防洪及涉水工程中部分不达标，城市防洪圈不能完全封闭，2012 年洪水相同流量下水位偏高，淹没较严重。

城市河段涉水工程密集，布局不合理，对河道水流造成影响。寸滩水文站上游建设的集装箱码头距离寸滩水文断面仅 1 km，集装箱码头与水文断面间还有多个小型码头，对寸滩水文站水位及流速分布产生影响。

重庆市主城区至涪陵区部分河道为分汊型河道，三峡蓄水后，支汊大多呈淤积趋势，而部分支汊岸线开发利用，加重了支汊淤积萎缩，对河势稳定不利。

主城区等河段一些岸段出现岸线开发程度过高的现象，建设项目的群体累积效应已经显现，对安全行洪和河势稳定造成一定的影响。

（2）岸线利用效率不高，仍存在浪费现象。由于缺乏统一的规划指导，部分岸线利用项目立足于局部利益，与国民经济发展及其他相关行业规划不协调，常以单一功能进行岸线的开发利用，不能达到岸线的集约利用，存在多占少用和重复建设现象，岸线利用效率不高，不能充分发挥岸线的效能，造成岸线的浪费。一方面，一些企业占用过多岸线，新、老码头之间留有很多空余岸线而无陆域，还有一些企业已利用很长的深水岸线而陆域很少，另有一些小企业、小码头占用了较好的深水岸线，未能贯彻"深水深用、浅水浅用"的原则，造成了岸线的严重浪费。另一方面，企业专用码头占用过多岸线，公用码头建设却缺乏岸线，岸线虽然已利用，但是岸线的利用效率不高，未能有效支撑地方经济社会的发展。

（3）开发利用区的岸线利用程度较低。由岸线控制利用区及开发利用区的划分方法可知，两个功能区均具有一定的开发价值和开发条件，但开发利用区对沿岸岸线的开发利用需求更为迫切，开发利用活动对防洪安全、河势稳定、供水安全及河流健康的影响更小。从 2018 年三峡库区岸线利用项目的核查成果可知：库区岸线控制利用区内共有利用项目 492 个，利用岸线 283.57 km，利用率为 33.45%；开发利用区内共有利用项目 139 个，利用岸线 66.80 km，利用率为 36.71%。由此易知，三峡库区内岸线开发利用区的项目个数及岸线利用率均小于控制利用区，开发利用区的岸线利用程度相比控制利用区低。

根据两功能区的划分方法和管理意见，开发利用区更适于建设岸线利用项目，且存在着较大的可利用存量，未来几年的岸线利用项目应以开发利用区为主要建设区域。

1.4.2　岸线现存的管理问题

长江岸线的利用与经济社会发展水平密切相关，其发展历程大体可以分为：岸线管理粗放的缓慢发展期（2000 年之前）、以开发主导型为主要特征的快速发展期（2000~2015 年）及"共抓大保护、不搞大开发"的转型发展期（2016 年至今）。由于第一时期管理偏弱、第二时期岸线利用较多等，以往长江岸线利用存量较大，存在着岸线利用布局不合理、部分岸线利用效率低、局部地区岸线过度开发及岸线管理机制不完善等遗留问题。

库区岸线的发展不仅与长江岸线的利用发展历程相适应，具有其发展的共性特点，还因三峡水库的修建而具有其自身的特点。根据水流运动和泥沙淤积的不同特点，可将三峡库区分为变动回水区和常年回水区两大库段。三峡水库运用初期，由于坝前控制水位年内变幅高达 30 m，蓄水期回水末端最远点达江津区附近，汛期坝前水位一般按 145 m 控制（大洪水时滞洪运用除外），回水末端移至距江津区较远的下游，其位置又与上游来水流量大小有关，根据有关数值模拟的计算成果，下移最远时可到达长寿区附近。因此，在水库运用初期可大致将江津区至长寿区长约 150 km 的库段划为变动回水区，将长寿区至坝址约 540 km 的库段划为常年回水区。三峡建库后，常年回水区与变动回水区的城市岸线治理应该区别对待，位于常年回水区的城市，原天然岸线被淹没，需要重新规划建设岸线；位于变动回水区的城市，对原天然岸线加以改造，或者进行综合整治，以满足城市发展的需要。

2016 年 1 月 26 日中央财经领导小组会议上，习近平总书记强调，推动长江经济带发展，理念要先进，坚持生态优先、绿色发展，把生态环境保护摆上优先地位，涉及长江的一切经济活动都要以不破坏生态环境为前提，共抓大保护，不搞大开发。思路要明确，建立硬约束，长江生态环境只能优化、不能恶化。要发挥长江黄金水道作用，产业发展要体现绿色循环低碳发展要求。现在库区岸线的保护和利用正在经历转型发展的第三时期，随着 2016 年 3 月《长江经济带发展规划纲要》的推出，长江生态保护上升到国家战略高度，当前在这一"大保护"理念的指导下，库区岸线利用不合理现象明显好转，岸线利用总体有序。相关部门通过开展非法码头整治，非法采砂排查，饮用水、水源地安全隐患排查，入河排污口核查，岸线保护与利用核查，固体废弃物核查等一系列专项行动，一批岸线利用项目得到整改、提升与规范，但仍有一些现存问题。

（1）岸线保护长效机制尚未建立。岸线的使用基本上是无偿的，多占少用、码头"晒太阳"的现象仍存在，缺乏有效的市场经济调控手段，制约了岸线资源的有效保护与科学利用。考虑到资源的稀缺程度、河道治理成本、市场供求关系、生态环境损害等成本因素，应当积极地探索岸线资源有偿使用制度，促进岸线资源的节约、集约利用。

（2）强化岸线利用监管。出于历史原因或对相关法规不了解，加之缺乏有效的监管，一些码头的建设与运行缺乏相关部门的审批文件，也未开展相关的科学论证。有些码头或造船企业虽有合法手续，但经营不善，致使码头处于闲置之中。由于缺乏岸线利用退出机制，存在岸线资源的浪费现象。

（3）已整治码头岸线修复问题。一些非法码头在建设时曾对滩地进行了填高与混凝土硬化，并将其作为堆场使用，有些填筑材料为城市建筑垃圾，有的通过填滩修建实体驳岸式码头或实体引桥，影响行洪畅通和沿岸生态环境。一些地方政府因资金问题，简单地进行覆土复绿，未对基底进行处理，遇到大水年份，由于河床冲刷，基底又会显露出来，达不到根治的目的。

1.4.3　岸线资源的保护问题

（1）保护区内存在不宜建设工程。《岸线规划》中为了确保防洪安全及河势稳定、保障供水安全、保护生态环境，划分了三峡库区的岸线保护区，保护区内应根据保护目标有针对性地进行管理，对岸段进行严格保护。但截至 2018 年，库区内核查到有 40 个港口码头位于岸线保护区内，保护区内存在数量较多的不适宜建设的工程这一现状，反映出目前对三峡库区岸线保护区的保护力度仍需加大。

（2）岸线利用项目对生态环境的影响。2018 年《长江三峡工程生态与环境监测公报》的数据结果表明，库区内的岸线开发利用项目对其生态环境造成了一定的负面影响，如鱼类产卵场规模及位置在一定程度上受到岸线利用项目的影响。多年的监测资料显示，长江干流除长寿区以上江段的产卵场得以保存外，长寿区以下江段的原有产卵场基本消失。库区除一些适应能力较强的鱼类对产卵环境要求不高外，许多鱼类特别是一些大型和特殊繁殖习性的鱼类的产卵、繁殖受到了影响。

（3）缺乏岸线保护与利用效益相关性的研究。由于岸线资源的稀缺性和有限性，岸线资源的保护与岸线的利用效益密切相关。对三峡库区岸线的保护研究主要从保护三峡水库防洪库容、保障防洪安全、维护河势稳定、治理和保护库岸消落区等方面进行，侧重研究库岸整治和防洪安全的相关影响，未涉及对岸线利用价值和效益的研究。三峡库区岸线环境综合整治及其他涉水建设项目对岸线使用效益的研究也多侧重于单一具体项目的直接效益，而对岸线使用的区域整体效益研究不多。

第 2 章

三峡库区岸线资源
保护利用需求分析

　　本章从第三产业发展、港口物流运输对库区经济发展的贡献、进出口总额与港口物流的关系、库区港口货物吞吐量占比等方面分析库区社会经济发展对港口物流增长的需求。利用线性回归方法、趋势外延方法对库区未来 10 年的港口货物吞吐量进行预测，分析并预测社会经济发展对库区陆上运输及跨江设施增长的需求。从指导思想、库区防洪、生态环境保护等方面，分析新形势下库区岸线资源保护的需求，对比、分析新老总体规划在库区岸线资源保护利用需求上的变化。

　　随着库区对外贸易的依存度显著增强，港口货物吞吐量占货运总量的比例持续增长，库区社会经济发展对港口物流的需求也将保持增长，经预测，库区港口货物吞吐量在未来 10 年的增长幅度将达到 100%左右。未来 10 年，库区汽车保有量、公路货运量将保持快速增长，从而对库区跨江设施等交通基础设施的需求也会有一定的增长。库区城市建设速度的加快、城市人口的不断增多、城市规模的不断扩大、城市发展功能布局的优化调整、自然环境与生态保护区的要求，对城区沿江两岸的防洪护岸与生态整治护岸工程提出新的更高要求。"共抓大保护、不搞大开发"的长江经济带发展战略的新理念，为三峡库区岸线资源保护利用提供思想指引和行动指南。

2.1 三峡库区经济发展对港口岸线开发利用的需求

现有研究成果表明，港口物流的发展对区域经济发展有重要的促进作用，这种促进作用主要表现在三个方面：①港口业可以发挥产业集群效应，提升区域经济竞争力；②港口业可以发挥投资乘数效应，增加经济效益；③港口业可以优化资源配置，促进产业结构调整。

针对三峡库区的特点，本节从以下几个方面来说明库区港口业对库区经济发展的促进作用，或者说库区经济发展需要库区港口业的协同发展。

2.1.1 库区经济发展对港口物流增长的需求

三峡库区以重庆市段为主，而在库区经济中重庆市经济占比较大，因此本小节用重庆市经济发展说明库区经济发展。表 2.1.1 为 2003～2018 年重庆市的经济发展与产业结构变化情况。表 2.1.1 中数据表明，三峡水库蓄水后，库区经济持续高速发展，平均增速达 14.84%，高于同期全国平均水平。第三产业的平均增速达 16.48%，高于地区生产总值增速，第三产业的比重不断增大，从 2003 年的 42.3%提高到 2018 年的 52.3%。众所周知，第三产业与物流运输有着极大的关系，对于三峡库区而言，物流运输又以港口运输为主，因此，库区经济发展对港口物流的需求是持续增长的。

表 2.1.1 2003～2018 年重庆市的经济发展与产业结构变化情况

年份	地区生产总值		第三产业		产业结构		
	值/亿元	增长率/%	增加值/亿元	增长率/%	第一产业占比/%	第二产业占比/%	第三产业占比/%
2003	2 555.72	14.46	1 081.35	13.10	13.3	44.4	42.3
2004	3 048.03	19.26	1 233.14	14.04	14.0	45.5	40.5
2005	3 486.22	14.38	1 445.16	17.19	13.3	45.3	41.4
2006	3 929.67	12.72	1 655.08	14.53	9.8	48.1	42.1
2007	4 698.25	19.56	2 019.22	22.00	10.1	46.9	43.0
2008	5 817.55	23.82	2 641.16	30.80	9.7	44.9	45.4
2009	6 559.99	12.76	2 996.83	13.47	9.0	45.3	45.7
2010	7 957.49	21.30	3 724.33	24.28	8.3	44.9	46.8
2011	10 048.07	26.27	4 723.93	26.84	8.0	45.0	47.0
2012	11 456.26	14.01	5 319.79	12.61	7.8	45.8	46.4
2013	12 832.82	12.02	5 991.52	12.63	7.3	46.0	46.7
2014	14 322.91	11.61	6 694.92	11.74	6.9	46.3	46.8

续表

年份	地区生产总值		第三产业		产业结构		
	值/亿元	增长率/%	增加值/亿元	增长率/%	第一产业占比/%	第二产业占比/%	第三产业占比/%
2015	15 789.80	10.24	7 527.08	12.43	6.8	45.6	47.6
2016	17 674.33	11.94	8 538.43	13.44	7.0	44.7	48.3
2017	19 424.73	9.90	9 564.04	12.01	6.6	44.2	49.2
2018	20 363.19	4.83	10 656.13	11.42	6.8	40.9	52.3
平均增速/%		14.84		16.48			

2.1.2　库区经济发展对物流运输业的需求

在统计年鉴中，将交通运输、仓储及邮政业单独立项统计，现有文献一般将该项目中的统计数据作为区域物流运输的相关指标进行研究。表 2.1.2 中所列数据为 2003～2018 年重庆市交通运输、仓储及邮政业的增加值及其占区域经济的比重。

表 2.1.2　2003～2018 年重庆市交通运输、仓储及邮政业增加值及其占比

年份	地区生产总值/亿元	第三产业增加值/亿元	交通运输、仓储及邮政业增加值及其占比		
			增加值/亿元	占第三产业增加值比重/%	占地区生产总值比重/%
2003	2 555.72	1 081.35	167.22	15.46	6.54
2004	3 048.03	1 233.14	190.62	15.46	6.25
2005	3 486.22	1 445.16	218.97	15.15	6.28
2006	3 929.67	1 655.08	259.59	15.68	6.61
2007	4 698.25	2 019.22	293.63	14.54	6.25
2008	5 817.55	2 641.16	377.32	14.29	6.49
2009	6 559.99	2 996.83	427.88	14.28	6.52
2010	7 957.49	3 724.33	501.47	13.46	6.30
2011	10 048.07	4 723.93	592.24	12.54	5.89
2012	11 456.26	5 319.79	604.08	11.36	5.27
2013	12 832.82	5 991.52	659.65	11.01	5.14
2014	14 322.91	6 694.92	705.83	10.54	4.93
2015	15 789.80	7 527.08	761.31	10.11	4.82
2016	17 674.33	8 538.43	848.22	9.93	4.80
2017	19 424.73	9 564.04	939.46	9.82	4.84
2018	20 363.19	10 656.13	995.48	9.34	4.89

从表 2.1.2 中数据可以看出，重庆市交通运输、仓储及邮政业增加值占第三产业增加值的比重在 9.34%～15.68%，总体上有所下降，占整个区域生产总值的比例在 4.80%～6.61%。这表明，从重庆市的角度看，港口业对重庆市社会经济发展有相当大的直接贡献。对于三峡库区而言，交通运输以港口物流为主，因此港口业的发展对库区经济发展至关重要。

2.1.3　库区进出口总额增长对港口物流增长的需求

进出口总额是反映区域对外贸易的重要指标，对于库区来说，港口物流运输是对外贸易的重要保证。对外贸易依存度是进出口总额与国内生产总值（gross domestic product, GDP）的比值，其值越高，表明区域经济外向型程度越高。表 2.1.3 所列数据为全国与重庆市对外贸易的进出口总额及对外贸易依存度的变化情况。

表 2.1.3　全国与重庆市对外贸易的进出口总额及对外贸易依存度的变化情况

年份	全国		重庆市	
	进出口总额/万亿元	对外贸易依存度	进出口总额/亿元	对外贸易依存度
2003	7.05	0.513	215	0.084
2004	9.55	0.590	319	0.105
2005	11.69	0.624	352	0.101
2006	14.10	0.643	436	0.111
2007	16.69	0.618	566	0.120
2008	17.99	0.564	946	0.163
2009	15.07	0.432	527	0.080
2010	20.17	0.489	841	0.106
2011	23.64	0.485	1 885	0.188
2012	24.42	0.453	3 357	0.293
2013	25.81	0.435	4 253	0.331
2014	26.42	0.412	5 863	0.409
2015	24.55	0.358	4 615	0.292
2016	24.33	0.329	4 140	0.234
2017	27.80	0.339	4 508	0.232
2018	30.50	0.339	5 223	0.256
平均增速/%	10.26		23.71	

表 2.1.3 中数据表明，库区进出口总额增长很快，三峡水库蓄水后的 15 年间，重庆市进出口总额年均增长高达 23.71%，远高于全国平均水平，也大大高于重庆市生产总值的增长水平。同时，在全国对外贸易依存度总体降低的情况下，重庆市对外贸易依存度总体呈上升趋势。这说明，库区经济对外贸的依赖程度在显著增强，而研究表明，对外

贸易以港口物流运输为主要实现方式，因此，对于三峡库区而言，对外贸易的持续增长对港口物流有保障性需求。

2.1.4　库区港口货物吞吐量对港口物流增长的需求

表 2.1.4 所列数据为重庆市与秭归县港口货物吞吐量及其占本区域货运总量的比例。

表 2.1.4　重庆市与秭归县港口货物吞吐量及其占本区域货运总量的比例

年份	重庆市（全市）			秭归县（库区湖北省段）		
	货运总量 /（10^4 t）	港口货物吞吐量 /（10^4 t）	货物吞吐量占比 /%	货运总量 /（10^4 t）	港口货物吞吐量 /（10^4 t）	货物吞吐量占比 /%
2003	32 565	3 244	9.96	—	—	—
2004	36 434	4 539	12.46	—	—	—
2005	39 200	5 251	13.40	366	44.7	12.21
2006	42 808	5 420	12.66	370	56.9	15.38
2007	49 973	6 434	12.87	435	104.6	24.05
2008	63 651	7 893	12.40	474	158.0	33.33
2009	68 491	8 612	12.57	466	140.2	30.09
2010	81 385	9 668	11.88	560	242.0	43.21
2011	96 782	11 606	11.99	595	226.4	38.05
2012	86 398	12 502	14.47	644	247.6	38.45
2013	87 115	13 676	15.70	853	416.2	48.79
2014	97 287	14 665	15.07	741	352.2	47.53
2015	103 739	15 680	15.11	856	353.0	41.24
2016	107 840	17 372	16.11	976	641.0	65.68
2017	115 346	19 722	17.10	1 013	645.0	63.67
2018	128 234	20 444	15.94	—	—	—
年均增长率/%	9.57	13.06	—	8.85	24.91	—

数据来源：《重庆统计年鉴》，部分数据缺失，余同。

注：2012 年起货运总量统计口径有调整。

从表 2.1.4 中数据可以看出，库区港口货物吞吐量占区域货物运输总量的比例总体呈现升高趋势，其中，重庆市港口货物吞吐量占全市货运总量的比例从 2003 年的 9.96%上升到 2018 年的 15.94%，如果从库区重庆市段的角度看，这个比例应该更高。此外，库区湖北省段的秭归县港口货物吞吐量的年均增长速度高达 24.91%，而且截至 2017 年，秭归县港口货物吞吐量占全县货物运输总量的比例高达 63.67%。这说明，港口运输对三峡库区物流运输的作用越来越重要，在很大程度上起着决定性作用。

2.1.5 三峡库区港口物流需求预测

本小节拟采用线性回归和趋势外延两种简单的预测方法对库区未来港口货物吞吐量进行预测。

1. 线性回归预测

众多研究表明，区域港口货物吞吐量与区域经济发展水平有非常密切的关系，本小节以区域生产总值为解释变量，以区域港口货物吞吐量为被解释变量进行简单线性回归分析。表 2.1.5 中列出了 2003～2018 年重庆市港口货物吞吐量与 GDP 的时间序列数据。

表 2.1.5　2003～2018 年重庆市港口货物吞吐量与 GDP 的时间序列数据

年份	港口货物吞吐量 /（10^8 t）	GDP /万亿元	年份	港口货物吞吐量 /（10^8 t）	GDP /万亿元	年份	港口货物吞吐量 /（10^8 t）	GDP /万亿元
2003	0.32	0.26	2009	0.86	0.66	2015	1.57	1.58
2004	0.45	0.30	2010	0.97	0.80	2016	1.74	1.77
2005	0.53	0.35	2011	1.16	1.00	2017	1.97	1.94
2006	0.54	0.39	2012	1.25	1.15	2018	2.04	2.04
2007	0.64	0.47	2013	1.37	1.28			
2008	0.79	0.58	2014	1.47	1.43			

将表 2.1.5 中数据点绘在图 2.1.1 中，可以看出，重庆市港口货物吞吐量与 GDP 呈现出较好的线性关系，通过线性回归分析得到预测模型，如图 2.1.1 所示，则有

$$\text{TTL}(t) = 0.208\,4 + 0.896\,3\text{GDP}(t) \tag{2.1.1}$$

式中：TTL 为港口货物吞吐量；t 为计算年。

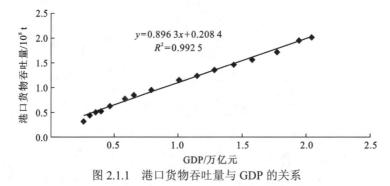

图 2.1.1　港口货物吞吐量与 GDP 的关系

2. 趋势外延预测

将重庆市港口货物吞吐量 2003～2018 年的时间序列数据点绘在以时间为横坐标的趋势图中，用线性趋势外延得到如图 2.1.2 所示的外延曲线及其相应的预测模型。

线性趋势外延预测模型：

$$\mathrm{TTL}(t) = 0.128\,1 + 0.114\,9t, \quad t \geqslant 17 \tag{2.1.2}$$

式中：TTL 为港口货物吞吐量；t 为计算年。

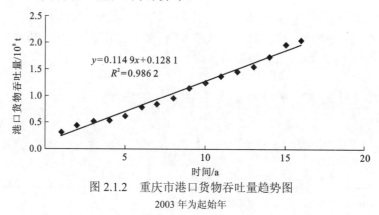

图 2.1.2　重庆市港口货物吞吐量趋势图

2003 年为起始年

3. 港口货物吞吐量预测

利用上述模型对重庆市港口货物吞吐量进行预测，计算结果汇总于表 2.1.6 中。

表 2.1.6　重庆市港口货物吞吐量预测结果　　（单位：10^8 t）

年份	线性回归模型			趋势外延模型
	GDP 增长率为 4%的情况下	GDP 增长率为 6%的情况下	GDP 增长率为 8%的情况下	
2023	2.43	2.65	2.89	2.54
2024	2.52	2.80	3.10	2.66
2025	2.61	2.95	3.34	2.77
2026	2.71	3.12	3.59	2.89
2027	2.81	3.29	3.86	3.00
2028	2.91	3.48	4.15	3.12
2029	3.02	3.67	4.46	3.23
2030	3.13	3.88	4.80	3.35

预测结果表明，在 GDP 增长率为 4%的情况下，2030 年重庆市港口货物吞吐量将达到 3.13×10^8 t，这是最保守的情况。当 GDP 增长率为 8%时，2030 年重庆市港口货物吞吐量将达到 4.80×10^8 t，为 2018 年港口货物吞吐量的 235%。考虑经济放缓的因素，未来 GDP 增长率为 6%可能是一种正常情况，在此情况下，2030 年重庆市港口货物吞吐量也能达到 3.88×10^8 t，为 2018 年港口货物吞吐量的 190%，将近翻倍。线性趋势外延预测也是一种相对保守的预测，其预测结果与 GDP 增长率为 6%的情况较为接近，为 3.35×10^8 t（2030 年）。无论是哪种预测方式，库区港口货物吞吐量在未来 10 年将会有大幅度增长，这种增长将会对库区港口岸线资源的规划、利用、开发、整合等诸多方面提出更高的要求。

2.2 三峡库区经济发展对跨江设施岸线利用的需求

伴随着社会经济的发展，库区人流、物流将进一步增加，陆上交通工具如汽车、火车等的数量也将持续增长，库区公路、铁路及与之匹配的跨江工程等基础设施的需求就会相应增加，从而导致对跨江岸线需求的增长。

2.2.1 库区社会经济发展对陆上运输的需求

以重庆市公路运输为例，表 2.2.1 列出了 2005～2018 年重庆市公路运输的相关数据。

表 2.2.1 2005～2018 年重庆市公路运输的相关数据

年份	民用汽车拥有量 /万辆	高速公路长度 /km	公路货运		公路桥梁数 /座
			公路货运量/（10^8 t）	占总货运量的比例/%	
2005	110.73	748	3.34	85.2	8 472
2006	132.04	778	3.63	84.8	8 567
2007	144.49	1 049	4.20	84.0	8 861
2008	162.82	1 165	5.46	85.8	9 021
2009	203.70	1 577	5.85	85.4	9 333
2010	275.97	1 861	6.94	85.3	9 722
2011	337.91	1 861	8.28	85.6	9 796
2012	389.86	1 909	7.00	81.0	9 819
2013	407.62	2 312	7.18	82.4	10 153
2014	441.07	2 401	8.12	83.5	10 238
2015	462.32	2 525	8.69	83.8	11 600
2016	510.25	2 818	8.94	82.9	11 727
2017	567.50	3 023	9.50	82.4	11 203
2018	631.72	3 096	10.71	83.5	12 512
年均增长率/%	14.33	11.55	9.38		3.05

数据来源：《重庆统计年鉴》。

注：2012 年起货运量统计口径有调整。

表 2.2.1 中数据表明：①库区陆上交通工具数量增长很快，高速公路等基础设施建设有较快的增长。2005～2018 年，重庆市民用汽车拥有量年均增长 14.33%，高速公路长度年均增长速度也达到 11.55%。②经济发展对公路运输需求非常高。2005～2018 年，重庆市公路货运量保持较快增长，年均增长率为 9.38%，重庆市公路货运量占整个货运总量的比例虽然整体略有下降，但一直保持在 80%以上的高位。③库区陆上运输对跨江设施的需

求保持稳定。库区社会经济持续发展，陆上交通工具与基础设施较快增长，导致对跨江通行需求的增加。2005～2018 年，重庆市公路桥梁数量的年均增长速度保持在 3%左右。

2.2.2　陆上运输需求预测

1. 预测模型

以重庆市为例，图 2.2.1～图 2.2.3 分别为重庆市民用汽车拥有量、公路货运量及公路桥梁数的趋势图。

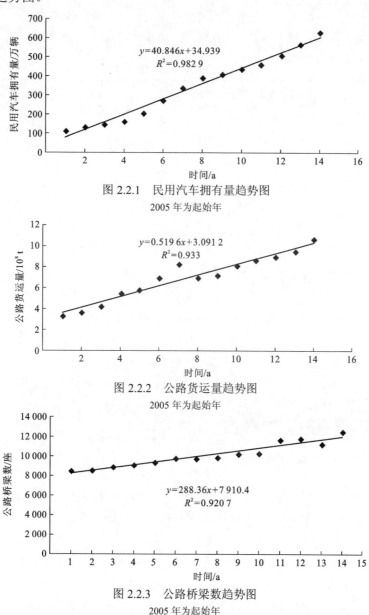

y=40.846x+34.939
R²=0.982 9
民用汽车拥有量/万辆
时间/a

图 2.2.1　民用汽车拥有量趋势图

2005 年为起始年

y=0.519 6x+3.091 2
R²=0.933
公路货运量/10⁸ t
时间/a

图 2.2.2　公路货运量趋势图

2005 年为起始年

y=288.36x+7 910.4
R²=0.920 7
公路桥梁数/座
时间/a

图 2.2.3　公路桥梁数趋势图

2005 年为起始年

用趋势外延预测方法得到重庆市民用汽车拥有量、公路货运量及公路桥梁数的预测模型，分别为

$$QCYY(t) = 34.939 + 40.846t, \quad t \geqslant 15 \tag{2.2.1}$$

$$GLHY(t) = 3.0912 + 0.5196t, \quad t \geqslant 15 \tag{2.2.2}$$

$$GLQL(t) = 7910.4 + 288.36t, \quad t \geqslant 15 \tag{2.2.3}$$

式中：QCYY 为民用汽车拥有量；GLHY 为公路货运量；GLQL 为公路桥梁数；t 为计算年（2005 年为模型起始年）。

2. 预测结果

以上述模型为基础得到如表 2.2.2 所示的重庆市公路运输预测结果。

表 2.2.2　重庆市公路运输预测结果

年份	民用汽车拥有量预测/万辆	公路货运量预测/（10^8 t）	公路桥梁数预测/座
2023	811.01	12.96	13 389
2024	851.86	13.48	13 678
2025	892.71	14.00	13 966
2026	933.55	14.52	14 254
2027	974.40	15.04	14 543
2028	1 015.24	15.56	14 831
2029	1 056.09	16.08	15 119
2030	1 096.94	16.60	15 408

预测结果表明，库区民用汽车拥有量和公路货运量在未来 10 年将会有大幅度增长，公路桥梁数量相应也会有较大幅度的增加，因此对跨江设施（桥梁）岸线的需求也会有增长，这种增长将会对库区跨江设施（桥梁）岸线资源的规划、利用等方面提出更高的要求。

2.2.3　库区跨江设施需求规划

本小节以重庆市涪陵区为例，介绍库区跨江设施需求规划。

（1）规划内容。涪陵区现有跨江通道 10 处，其中跨越长江 5 处，跨越乌江 5 处。《重庆市涪陵区城乡总体规划（2015—2035）》关于城乡重要桥位规划的描述为：规划期内共形成跨江通道 21 处，其中跨越长江 13 处，跨越乌江 8 处。规划在现状基础上新增桥梁 11 座，其中跨越长江 8 座，跨越乌江 3 座，比现状分别增加 160% 和 60%。

（2）规划的需求分析。一是为满足涪陵区新城区的发展，增强老城区的带动作用，加快落实李渡长江大桥复线桥。二是为加快龙头港疏港交通体系的构建，加快落实既有

规划的长江五桥。三是为释放南涪高速运能，改线南涪高速城区段为南涪快速公路，规划南涪高速改线与跨江方案，预控为长江六桥。四是为满足新妙—石沱与李渡组团之间的交通需求，规划增加长江七桥，预控为双层桥，保障涪陵北环高速与市政路的跨江需求。五是规划增加长江八桥，预控为铁路双层桥，保障广涪铁路及市域铁路预留线位的跨江需求。六是规划增加长江九桥，预控为铁路双层桥，保障沿江高速铁路及渝西高速铁路的跨江需求。七是规划增加长江十桥，保障渝汉高速铁路于清溪镇跨越长江的需求。八是规划增加长江十二桥，预控为高速桥梁，保障涪陵北环高速于清溪镇跨越长江的需求。九是规划增加乌江四桥，预控为铁路桥梁，保障长江货运铁路跨越乌江的需求。十是规划增加乌江六桥，预控为高速桥梁，保障江白高速跨越乌江的需求。十一是规划增加乌江七桥，预控为高速桥梁，保障白南高速跨越乌江的需求。

2.3　新形势下库区岸线资源保护需求

2.3.1　库区岸线资源保护的指导思想

三峡库区岸线资源保护的指导思想就是"共抓大保护、不搞大开发"。2016 年 1 月 5 日，习近平总书记在重庆市召开的推动长江经济带发展座谈会上，全面、深刻地阐述了推动长江经济带发展的重大战略思想，提出了要实施长江经济带发展战略。当前和今后相当长一个时期，要把修复长江生态环境摆在压倒性位置，共抓大保护，不搞大开发。

2016 年 1 月 26 日，习近平总书记在中央财经领导小组第十二次会议上指出，要发挥长江黄金水道作用，产业发展要体现绿色循环低碳发展要求。2016 年 3 月 25 日，中共中央政治局会议要求，把长江经济带建成环境更优美、交通更顺畅、经济更协调、市场更统一、机制更科学的黄金经济带。2017 年 12 月，中央经济工作会议强调，推进长江经济带发展要以生态优先、绿色发展为引领。

2018 年 3 月 10 日，习近平总书记指出，长江经济带不搞大开发、要共抓大保护，来刹住无序开发的情况。2018 年 4 月 24 日，习近平总书记在宜昌市考察时强调："不搞大开发不是不要开发，而是不搞破坏性开发，要走生态优先、绿色发展之路。"习近平总书记关于长江经济带建设的一系列重要指示，一脉相承、不断深化，将美丽中国建设具化到长江流域和长江经济带这个关节点，全面擘画了长江经济带生产发展、生活富裕、生态良好的美丽蓝图与科学路径。

以"共抓大保护、不搞大开发"为核心理念的长江经济带发展战略，是习近平新时代中国特色社会主义思想的重要组成部分，为三峡库区岸线资源保护利用提供了思想指引和行动指南。

2.3.2　库区防洪对库区岸线防护的需求

1. 库区社会经济发展对防洪的新需求

以长江干流（重庆市段）沿江 18 个区（县）为例进行说明。根据库区经济社会发展现状及有关发展规划，长江干流（重庆市段）沿江 18 个区（县）位于长江上游地区，地理位置优越，在两江新区引领战略下，经济社会发展迅速，在今后相当长时期内其发展速度将领先于重庆市其他地区。重庆市主城区正处于产业转型升级时期，将构筑以高新技术产业和现代制造业为龙头，以现代服务业为依托，以现代农业为基础的产业体系。大力发展知识密集、技术密集、高效益、低消耗、少污染、具有竞争优势的产业，形成符合城市功能要求、体现资源比较优势的产业结构。

区域内各区（县）在 2030 年前仍将保持经济持续增长的势头。根据资料：人口自然增长率在 2020 年前为 14.3‰左右，2021～2030 年为 4‰左右；地区生产总值增长率在 2020 年前为 12.2%左右，2021～2030 年为 8.2%左右。

据初步预测，到 2030 年，区域内人口将达到 1 850.90 万人，其中城镇人口 1 579.06 万人，城镇化率达到 85.31%，地区生产总值达到 39 069 亿元。

经济社会的快速发展、城市建设的加快推进、城市人口的不断增加、城市规模的不断扩大、城市发展功能布局的优化调整，对主城区防洪提出了新问题和更高的要求，部分区域现状防洪形势将不能适应未来经济社会发展的需求。

2. 库区防洪标准的变化

以重庆市主城区为例，为适应主城区新时期防洪需求和促进主城区经济社会发展要求，重庆市对《重庆市主城区城市防洪规划（2006—2020 年）》进行了修编，并编制了《重庆市主城区城市防洪规划（2016—2030 年）》，2017 年 12 月经重庆市人民政府批复同意实施，新的防洪标准如下。①城市或地区防洪标准。城市防洪标准为 100 年一遇，相对独立的乡（镇）和农村地区防洪标准为 20 年一遇。②防洪护岸工程设计标准。长江、嘉陵江防洪护岸工程：建筑物级别 3 级及以上，堤防护岸顶高程宜按 50 年一遇及以上洪水设计标准确定。城市区域其他河流治理工程：洪水设计标准宜为 50 年一遇及以上。相对独立的乡（镇）和农村地区河流治理工程：洪水设计标准宜为 20 年一遇及以上。

对比原防洪标准与现行防洪标准，主要有以下三个方面的变化：①北碚区防洪标准由原来的 50 年一遇提升为现行的 100 年一遇；②北碚区沿江防洪护岸工程的防洪标准由原来的 20 年一遇提升为现行的 50 年一遇；③增加了主城区城市区域其他河流治理工程的洪水设计标准，宜为 50 年一遇及以上。

2.3.3　生态环境与自然保护区对库区岸线保护的需求

三峡库区重要的生态环境与自然保护区有长江上游珍稀特有鱼类国家级自然保护

区（重庆市段）、长江重庆市段四大家鱼国家级水产种质资源保护区、白鹤梁题刻国家级风景名胜区、重庆丰都县龙河国家湿地公园、重庆市忠县皇华岛国家湿地公园、重庆三峡库区忠县段湿地自然保护区、重庆云阳县小江县级湿地自然保护区、三峡风景名胜区、重庆巫山县江南市级自然保护区等。

根据《中华人民共和国自然保护区条例》，自然保护区内保存完好的天然状态的生态系统以及珍稀、濒危动植物的集中分布地，应当划为核心区，禁止任何单位和个人进入；除按照本条例第二十七条的规定经批准外，也不允许进入从事科学研究活动。核心区外围可以划定一定面积的缓冲区，只准进入从事科学研究观测活动。缓冲区外围划为实验区，可以进入从事科学试验、教学实习、参观考察、旅游以及驯化、繁殖珍稀、濒危野生动植物等活动。

在自然保护核心区域禁止岸线利用开发，实验区限制开发利用。风景名胜区禁止旅游以外的利用开发。水产种质资源保护区减小开发利用程度。各保护区及附近干支流河道岸线禁止化工、煤炭等有污染的企业及码头建设。水源地保护区内禁止实施开发利用，在其附近开发利用的需实施隔离工程。

2.4　总体规划对库区岸线资源保护利用的新要求

2.4.1　三峡库区岸线规划简介

1. 《三峡水库岸线保护与利用控制专题规划》

作为三峡后续工作实施规划的一个专题规划和重要组成部分，2012 年 7 月，由水利部长江水利委员会编制完成了《三峡水库岸线保护与利用控制专题规划》（以下简称《岸线专题规划》）。该规划的要点如下。

（1）规划目标。近期目标：完成库区长江干流、12 条主要支流和 43 条中小支流的岸线功能区划分。建立健全管理制度，明确岸线利用控制要求，使重点城镇及岸线利用得到严格监控，禁止违规侵占防洪库容，保护并合理利用岸线资源；形成开发利用与治理保护相结合的机制，确保规划范围内与岸线有关的工程建设活动符合岸线规划要求和规划管理，为实现岸线的有效利用和科学管理奠定基础。远期目标：随着经济发展和干流的逐步开发，对其他支流岸线划分出功能区，对库区长江干流和全部支流按照功能区管理，实现对岸线资源的合理利用，与库容和生态环境保护及库区经济发展相协调，维护三峡工程的长期安全运行和综合效益的持续发挥。

（2）规划范围。本次规划河流为 56 条，规划范围为三峡库区长江干流、12 条主要支流和 43 条中小支流，涉及长江干流、嘉陵江及乌江范围内的岸线 1 691.54 km；其中，库区长江干流岸线长 1 473.95 km，嘉陵江岸线长 127.44 km，乌江岸线长

90.15 km，分别占岸线总长度的 87.14%、7.53% 及 5.33%；按地区分，库区重庆市段岸线长度为 1 485.98 km，占岸线总长的 87.85%，湖北省段岸线长度为 205.56 km，占岸线总长的 12.15%。

（3）规划水平年。规划基准年为 2011 年，规划实施起始年为 2012 年，规划近期为 2011～2014 年，远期为 2015～2020 年。

2. 《长江岸线保护和开发利用总体规划》

2016 年 9 月，水利部、国土资源部正式印发由长江水利委员会技术牵头编制完成的《长江岸线保护和开发利用总体规划》（以下简称《岸线规划》）。该规划要点如下。

（1）规划水平年。《岸线规划》根据长江经济带发展的战略目标，以 2013 年为规划现状基准年，以 2020 年为近期规划水平年，以 2030 年为远期规划水平年。其中，规划以近期规划水平年为重点。

（2）规划目标。近期目标：统筹经济社会发展、防洪、河势、供水、航运及生态环境保护等方面的要求，科学划分岸线功能区，严格分类管理，满足长江经济带建设需求；依法依规加强岸线保护和开发利用管理，规范岸线开发利用行为；探索长江岸线资源有偿使用制度，促进岸线资源有效保护和合理利用。远期目标：根据长江经济带发展需求及河势变化情况，优化调整岸线功能区；进一步健全岸线资源有偿使用制度，明确岸线资源有偿使用管理责任主体，建立岸线资源使用权登记制度，完善政府对岸线资源有偿使用的调控手段，提高岸线资源节约、集约利用水平。

（3）规划主要内容。在充分调查、收集沿江省（直辖市）岸线开发利用现状的基础上，规划全面分析了长江岸线保护和开发利用存在的主要问题，以及经济社会发展对岸线开发利用的要求。按照岸线保护和开发利用需求，划分了岸线保护区、保留区、控制利用区及开发利用区四类功能区，规划范围内共划分三峡库区内岸线 2 586.36 km，其中岸线保护区 62.36 km、保留区 1 282.28 km、控制利用区 968.18 km、开发利用区 273.54 km。库区重庆市段岸线 2 356.59 km，库区湖北省段岸线 229.77 km。按照各功能区特点分别对各功能区提出了相应的管理要求，开展了岸线资源有偿使用专题研究，提出了保障措施。

2.4.2 《岸线规划》与《岸线专题规划》对比分析

1. 岸线功能区划分原则变化

《长江流域综合规划（2012—2030 年）》是长江流域开发、利用、节约、保护水资源和防治水害的基础与依据，通过对比分析发现，两个岸线规划在功能区划分的原则上有所变化。表 2.4.1 列出了两个岸线规划的功能区划分原则，可以得出以下结论。

表 2.4.1　岸线功能区划分原则对比

功能区	岸线功能区划分原则	
	《岸线专题规划》	《岸线规划》
保护区	①国家和省（自治区、直辖市）级人民政府批准划定的各类自然保护区占用岸线，一般宜列为岸线保护区。地表水功能区划中已被划为保护区的，原则上相应河段岸线应为岸线保护区。②重要的水源地河段，一般宜按照有关规定的长度划为岸线保护区或岸线保留区，经济社会发展有迫切需要的，可划分为控制利用区。③临江的国家级风景名胜区所在岸段应划为岸线保护区。④对河势稳定、防洪安全有重要影响的岸线，一般应划分为岸线保护区	①为确保防洪安全、河势稳定划定的岸线保护区。②为保障供水安全划定的岸线保护区：各省（直辖市）集中式饮用水水源地及保护区；涉及水环境综合治理、引排水等重要引调水工程，其取、引排水口上下游一定长度的岸线。③为保护生态环境划定的岸线保护区：国家级和省级自然保护区的核心区、国家级风景名胜区的核心景区；地方政府明确提出了严格保护要求的部分水产种质资源保护区
保留区	①处于岸线稳定性较差的河段、河道治理和河势控制方案尚未确定的或规划进行整治的岸线一般宜划为保留区。②岸线开发利用条件较差，开发利用可能对河势稳定、防洪安全产生一定影响的河段应划分为保留区。③经济发展相对落后、对开发利用要求不迫切，离主城区较远的岸段或支流岸段，一般宜划为保留区	①因暂不具备开发利用条件划定的岸线保留区。②为生态环境保护划定的岸线保留区：自然保护区缓冲区、实验区、水产种质资源保护区、国家湿地公园等生态敏感区。③为满足城市生态公园、江滩风光带等生活生态岸线开发需要划定的岸线保留区。④因规划期内暂无开发利用需求划定的岸线保留区
控制利用区	①岸线利用条件较好，靠近已建港区、码头，沿岸经济发展对岸线开发利用有一定要求的岸段。②沿岸开发利用要求较迫切，但河道呈淤积趋势，或者需采取一定的库岸整治工程才能开发利用的岸段。③江中洲岛的岸线利用应采取慎重态度，从保护洲岛稳定的角度出发，如地方经济社会发展特别需要，可划分为控制利用区。④城市区段岸线开发利用程度较高，工业和生活取水口、码头、跨河建筑物较多。需要对岸线利用加以控制的河段，特别是中小码头分布密集、岸线利用效率低、涉水工程布置凌乱的岸段	①需要控制开发利用强度划定的岸线控制利用区。②需要控制开发利用方式划分的岸线控制利用区：重要险工险段、重要涉水工程及设施、河势变化敏感区、地质灾害易发区、水土流失严重区；国家级和省级自然保护区的实验区、风景名胜区、水产种质资源保护区、重要湿地、湿地公园等生态敏感区，以及水源地二级保护区、准保护区内需要控制开发利用方式的部分岸段
开发利用区	①岸线开发利用区一般不宜超过岸线总长度的30%。②在满足河势稳定、防洪安全、供水安全及河流健康等方面严格要求的前提下，岸线利用条件较优的岸线。③已建港口河段或规划港区河段资源开发利用潜力较好，且对防洪、河势及生态保护等基本无影响的岸线	河势基本稳定、岸线利用条件较好，岸线开发利用对防洪安全、河势稳定、供水安全及生态环境影响较小的岸段

（1）保护区增加了保护内容。两版规划均主要考虑防洪安全、自然风景和生态环境保护及水源地保护，但《岸线规划》中加重了对饮用水水源地的保护，并新增了部分水产种质资源保护区、已建重要枢纽工程保护区等。

（2）保留区增加了生态环境与生态文明有关内容。《岸线专题规划》中主要划分了岸线稳定性较差、不具备开发利用条件的保留区，以及暂无开发利用需求的保留区；《岸线规划》在《岸线专题规划》的基础上增加了为保护生态环境、满足城市生活生态建设需要划分的保留区，新增了对生态环境和城市生态文明的考虑。

（3）控制利用区补充了特殊岸段类型。两版规划中均将岸线利用条件较好，但需要控制开发利用强度或开发利用方式的岸线区域划为控制利用区，但《岸线规划》中对需要控制开发利用方式的特殊岸段类型进行了补充。

（4）开发利用区划分要求有所放宽。河势稳定、利用条件好、适合开发利用的区域划分为开发利用区，但《岸线规划》中对开发利用区的划分要求有一定程度的放宽。

2. 岸线功能区划分成果变化

表 2.4.2 列出了《岸线专题规划》和《岸线规划》对库区主要岸线地区（重庆市、湖北省、全库区）功能区划分的成果。

表 2.4.2　各岸线功能区划分比例对比　　　　　　　　（单位：%）

地区	规划	保护区	保留区	控制利用区	开发利用区
重庆市	《岸线专题规划》	7.20	33.68	37.80	21.32
	《岸线规划》	2.48	47.47	38.44	11.61
湖北省	《岸线专题规划》	13.29	57.06	8.94	20.71
	《岸线规划》	1.68	71.24	27.08	0.00
全库区	《岸线专题规划》	8.05	36.94	33.77	21.24
	《岸线规划》	5.28	51.89	35.39	7.44
	两版差值	-2.77	14.95	1.62	-13.80

对比划分的各岸线功能区所占比例可以发现，两次规划中均以保留区与控制利用区为主要功能区，相较于《岸线专题规划》的规划情况，《岸线规划》所划分的保护区占比稍有下降，保留区比例显著增加，占比超过50%，控制利用区占比相近，开发利用区占比从21.24%大幅下降至7.44%。近几年城市开发建设和经济增长的需求促进了对岸线资源开发利用的需求，适宜开发利用的岸线资源不断被新建项目占用，剩余资源有所减少，相关部门对生态环境的重视程度逐年提高等导致了规划中岸线功能区的占比发生了上述变化。

由于规划中各功能区的占比发生改变，占较大比例的保留区内不适宜新建岸线利用项目，为了提高岸线的利用率，未来新增的岸线利用项目将更多地集中于控制利用区与开发利用区，提高岸线的集约利用程度将成为岸线利用的重点。

第 3 章

三峡库区岸线管理
措施初步研究

　　本章针对三峡库区岸线管理措施的研究背景和实施效果进行梳理与总结，首先对现行库区岸线管理的相关管理办法及岸线管理行动的实施效果进行总结，便于读者了解当前国家和地方层面出台的相关政策与实施效果。然后进一步分析现行库区岸线管理过程中存在的问题，结合中外学者的研究进行综述和分析，对比国内外在岸线管理方面的先进方法和管理经验，以期为读者提供理论参考，激发读者对岸线管理的思考，以推动对我国岸线管理的研究和探索。

3.1　现行库区岸线管理的相关管理办法总结

现行库区岸线管理的相关管理办法是指与库区岸线保护利用相关的各级政府或机构制定的法律法规、管理条例、管理规定和管理方法。

3.1.1　国家层面的相关法律与管理条例

三峡库区岸线管理办法或措施首先要符合全国性相关法律和管理条例。

1. 全国性的有关法律

表 3.1.1 所列相关法律是河湖岸线管理的重要法律依据。

表 3.1.1　库区岸线管理相关法律

法律名称	发布机构	发布与修订时间	涉及的库区岸线管理内容
《中华人民共和国水法》	全国人民代表大会常务委员会	1988 年发布，2002 年、2009 年、2016 年三次修订	江河、水库岸线水资源规划、利用、保护的法律条款
《中华人民共和国防洪法》	全国人民代表大会常务委员会	1997 年发布，2009 年、2015 年、2016 年三次修订	与防洪相关的江河湖泊岸线开发利用、治理和防护的法律条款
《中华人民共和国水土保持法》	全国人民代表大会常务委员会	1991 年发布，2009 年、2010 年两次修订	江河湖泊岸线水土保持规划、水土流失防治与治理、水源地保护的法律条款
《中华人民共和国港口法》	全国人民代表大会常务委员会	2003 年发布，2015 年、2017 年、2018 年三次修订	江河、水库港口岸线规划、建设、维护、经营与管理的法律条款
《中华人民共和国长江保护法》	全国人民代表大会常务委员会	2020 年发布	江河、水库港口岸线规划、建设、保护、修复的法律条款

2. 全国性的有关管理条例与管理办法

国务院、水利部、交通运输部等部门制定的有关法规或管理条例是库区岸线管理制度、办法和措施制定的重要依据。

1）《中华人民共和国河道管理条例》简介

《中华人民共和国河道管理条例》由国务院于 1988 年发布，经历了 2011 年修订、2017 年两次修订、2018 年修订，共四次修订。

《中华人民共和国河道管理条例》是根据《中华人民共和国水法》制定的具体的法规，涉及岸线管理的条款主要有第十一条和第十七条。

第十一条：修建开发水利、防治水害、整治河道的各类工程和跨河、穿河、穿堤、临河的桥梁、码头、道路、渡口、管道、缆线等建筑物及设施，建设单位必须按照河道管理权限,将工程建设方案报送河道主管机关审查同意。未经河道主管机关审查同意的,建设单位不得开工建设。建设项目经批准后,建设单位应当将施工安排告知河道主管机关。

第十七条:河道岸线的利用和建设,应当服从河道整治规划和航道整治规划。计划部门在审批利用河道岸线的建设项目时,应当事先征求河道主管机关的意见。河道岸线的界限,由河道主管机关会同交通等有关部门报县级以上地方人民政府划定。

2)《港口岸线使用审批管理办法》简介

《港口岸线使用审批管理办法》由交通运输部、国家发展和改革委员会于 2012 年发布,2018 年进行了修订,于 2018 年 7 月 1 日起施行,并于 2021 年 12 月 23 日进行了第二次修订。

《港口岸线使用审批管理办法》是根据《中华人民共和国港口法》的有关法律制定的江河、沿海港口岸线使用审批管理办法,是规范港口岸线使用审批管理,保障港口岸线资源的合理开发与利用,保护当事人的合法权益的重要依据。

3)《河湖管理监督检查办法(试行)》简介

为加强和规范河湖监督检查工作,督促各级河长湖长和河湖管理有关部门履职尽责,依据法律法规及有关规定,水利部于 2019 年 12 月制定了《河湖管理监督检查办法(试行)》。

该办法制定了河湖管理监督检查内容、方式与程序、问题分类与处理、责任追究等条款。其中,涉及河湖水域岸线管理的内容主要有:河湖管理范围划定、水域岸线保护利用规划、水域岸线保护利用情况(主要包括涉河建设项目审批管理是否规范、涉河建设项目监督检查是否到位等)、河湖形象面貌及影响河湖功能的问题(主要包括乱占、乱采、乱堆、乱建等涉河湖违法违规问题)。

4)《中华人民共和国长江保护法》简介

为了加强长江流域生态环境保护和修复,促进资源合理高效利用,保障生态安全,实现人与自然和谐共生、中华民族永续发展,制定本法。

第二十六条:国家对长江流域河湖岸线实施特殊管制。国家长江流域协调机制统筹协调国务院自然资源、水行政、生态环境、住房和城乡建设、农业农村、交通运输、林业和草原等部门和长江流域省级人民政府划定河湖岸线保护范围,制定河湖岸线保护规划,严格控制岸线开发建设,促进岸线合理高效利用。

3.1.2 流域机构或地方政府相关管理办法

1.《三峡水库调度和库区水资源与河道管理办法》简介

《三峡水库调度和库区水资源与河道管理办法》由水利部于 2008 年发布,2017 年进行了修订。

《三峡水库调度和库区水资源与河道管理办法》是根据《中华人民共和国水法》、《中华人民共和国防洪法》和有关法律、法规的规定，为加强三峡水库调度和库区水资源与河道管理，合理开发利用和保护水资源，发挥三峡水库的综合效益而制定的管理办法。《三峡水库调度和库区水资源与河道管理办法》中，关于库区岸线管理的相关条款如下。

第二十六条：在三峡水库管理范围内建设水工程的，应当按照水工程建设规划同意书管理的有关规定，向有关县级以上地方人民政府水行政主管部门或者长江水利委员会申请取得水工程建设规划同意书。

第二十七条：长江水利委员会应当会同重庆市、湖北省人民政府水行政主管部门，编制三峡水库岸线利用管理规划，分别征求重庆市、湖北省人民政府意见后报水利部批准。三峡水库岸线利用管理规划，应当服从流域综合规划和防洪规划，并与河道整治规划和航道整治规划相协调。

第二十八条：三峡库区有关城乡规划的岸线近水利用线，由三峡库区县级以上地方人民政府水行政主管部门会同有关部门依据经批准的三峡水库岸线利用管理规划确定。三峡库区河道岸线的利用和建设，应当服从河道整治规划、航道整治规划和三峡水库岸线利用管理规划。河道岸线的界限，由三峡库区县级以上地方人民政府水行政主管部门会同交通等有关部门报县级以上地方人民政府划定。

第二十九条：在三峡水库管理范围内建设桥梁、码头、道路、渡口、管道、缆线、取水、排水等工程设施，应当符合国家规定的防洪标准、三峡水库岸线利用管理规划、航运要求和其他有关的技术要求，其工程建设方案应当按照河道管理范围内建设项目管理的有关规定，报经有关县级以上地方人民政府水行政主管部门或者长江水利委员会审查同意。

2.《重庆市河道管理条例》简介

《重庆市河道管理条例》由重庆市人民代表大会常务委员会于1998年发布，经历了2002年两次、2010年、2011年和2018年共五次修订。

《重庆市河道管理条例》是根据《中华人民共和国水法》《中华人民共和国防洪法》《中华人民共和国河道管理条例》等法律、行政法规，结合重庆市实际，制定的有关河道规划、保护、治理与利用的条例。

3.《重庆市港口条例》简介

《重庆市港口条例》由重庆市人民代表大会常务委员会于2007年发布，2016年进行了修订。

《重庆市港口条例》是根据《中华人民共和国港口法》等法律、行政法规，结合重庆市实际，制定的有关江河、湖泊、水库等港口岸线规划与建设、岸线管理、港口经营、港口安全与维护的条例。

其中，有关港口岸线管理的条例涉及的方面主要有：①使用港口岸线符合各种规划、规定与要求，并按照有关规定取得港口岸线使用许可的有关条例；②港口岸线按照国家规定实行有期限使用制度；③需要变更港口岸线使用主体与用途的有关规定；④港口岸线使用许可收回与注销的有关规定；⑤使用港口岸线禁止行为的有关条例。

4.《重庆市河道管理范围划定管理办法》简介

《重庆市河道管理范围划定管理办法》由重庆市人民政府于2016年发布，是根据《重庆市河道管理条例》，结合重庆市实际，制定的有关重庆市河道岸线范围的界定、划定与保护的管理办法。

其中规定，万州区、涪陵区、渝北区、长寿区、开州区、丰都县、武隆县①、忠县、云阳县、奉节县、巫山县、巫溪县、石柱县三峡库区内的河道管理范围按三峡工程移民迁建线划定，已经按三峡工程移民迁移线划定的河段可继续执行。

依据该管理办法，三峡库区范围内的港口岸线、防洪护岸与生态整治工程岸线、跨江设施利用岸线等均在该管理范围之内。

5. 重庆市"双总河长制"

重庆市委、市政府高度重视河长制工作，创新实施了"双总河长制"，即由市、区县、街镇三级党政"一把手"同时担任"双总河长"，齐抓共管河长制工作。同时，两次充实完善全市河长制组织体系，将市级河长由3名增至20名，市级河流由3条增至23条，市级责任单位由22个增至30个，建立了市、区县、街镇三级"双总河长"架构和市、区县、街镇、村社区四级河长体系。全市分级分段设置河长共17 551名，实现全市5 300余条河流、3 000余座水库"一河一长"全覆盖。

"双总河长制"对三峡库区水域岸线空间管控、功能划分、生态环境保护等起着重要作用。

3.1.3 库区岸线管理技术性文件

1.《长江岸线保护和开发利用总体规划》内容

水利部、国土资源部于2016年9月正式印发了由长江水利委员会技术牵头编制完成的《长江岸线保护和开发利用总体规划》（以下简称《岸线规划》）。

1)《岸线规划》简介

规划水平年：2013年为现状水平年，2020年为近期规划水平年，2030年为远期规划水平年。

规划范围：长江干流溪洛渡坝址至长江河口，以及岷江、嘉陵江、乌江、湘江、汉江、赣江六条重要支流的中下游河道。规划范围内河道长度为6 768 km，岸线总长度为17 394 km。

主要内容：按照岸线保护和开发利用需求，划分了岸线保护区、保留区、控制利用区及开发利用区四类功能区，并根据各功能区提出了相应的管理要求。

---

① 2016年11月24日，国务院正式签发《国务院关于同意重庆市调整部分行政区划的批复》（国函〔2016〕185号），同意撤销武隆县，设立武隆区。

2）《岸线规划》岸线功能区的界定

岸线保护区是指岸线开发利用可能对防洪安全、河势稳定、供水安全、生态环境、重要枢纽工程安全等有明显不利影响的岸段。

岸线保留区是指暂不具备开发利用条件，或有生态环境保护要求，或为满足生活、生态岸线开发需求，或暂无开发利用需求的岸段。

岸线控制利用区是指岸线开发利用程度较高，或者开发利用对防洪安全、河势稳定、供水安全、生态环境可能造成一定影响，需要控制其开发利用强度或开发利用方式的岸段。

岸线开发利用区是指河势基本稳定、岸线利用条件较好，岸线开发利用对防洪安全、河势稳定、供水安全及生态环境影响较小的岸段。

3）《岸线规划》对三峡库区的规划成果

规划范围内共划分三峡库区内岸线 2 586.36 km，其中，岸线保护区 62.36 km、保留区 1 282.28 km、控制利用区 968.18 km、开发利用区 273.54 km。

库区重庆市段岸线 2 356.59 km，其中，岸线保护区 58.50 km、保留区 1 118.60 km、控制利用区 905.95 km、开发利用区 273.54 km。

库区湖北省段岸线 229.77 km，其中，岸线保护区 3.86 km、保留区 163.68 km、控制利用区 62.23 km、开发利用区 0 km。

4）《岸线规划》对岸线管理的指导性意见

岸线保护区管理：岸线保护区应根据保护目标有针对性地进行管理，严格按照相关法律法规的规定，规划期内禁止建设可能影响保护目标（防洪安全、供水安全、生态环境保护、重要枢纽安全）实现的建设项目。按照相关规划在岸线保护区内必须实施的防洪护岸、河道治理、供水、航道整治、国家重要基础设施等事关公共安全及公众利益的建设项目，必须经充分论证并严格按照法律法规要求履行相关许可程序。各省（直辖市）人民政府应按照有关法律法规的规定，对岸线保护区内违法违规或不符合岸线保护区管理的已建项目进行清查和整改。

岸线保留区管理：①规划期内，因防洪安全、河势稳定、供水安全、航道稳定及经济社会发展需要必须建设的防洪护岸、河道治理、取水、航道整治、公共管理、生态环境治理、国家重要基础设施等工程，必须经充分论证并严格按照法律法规要求履行相关许可程序。②因暂不具备开发利用条件划定的岸线保留区，待河势趋于稳定，具备岸线开发利用条件后，或者在不影响后续防洪治理、河道治理及航道整治的前提下，方可开发利用。③自然保护区缓冲区内划定的岸线保留区不得建设任何生产设施；自然保护区实验区内划定的岸线保留区不得建设污染环境、破坏资源的生产设施，建设其他项目，其污染物排放不得超过国家和地方规定的污染物排放标准；饮用水水源二级保护区内的岸线保留区禁止建设排放污染物的项目；水产种质资源保护区内的岸线保留区禁止围垦和建设排污口；国家湿地公园等生态敏感区内的岸线保留区禁止建设影响其保护目标的项目。④为满足生活、生态岸线开发需要划定的岸线保留区，除建设生态公园、江滩风光带等项目外，不得建设其他生产设施。⑤规划期内因暂无开发利用需求划定的岸线保留区，因经济社会发展确需开发利用的，经充分论证并按照法律法规要求履行相关手续后，可参照岸线开发利用区或控制利用区管理。

岸线控制利用区管理：①重要险工险段、重要涉水工程及设施、河势变化敏感区、地质灾害易发区、水土流失严重区所在岸段，应禁止建设可能影响防洪安全、河势稳定、设施安全、岸坡稳定，以及加重水土流失的项目。②水产种质资源保护区等生态敏感区及水源地所在岸段，要严格按照保护要求，严禁建设可能对生态敏感区及水源地有明显不利影响的危化品码头、排污口、电厂排水口等项目，饮用水水源二级保护区内的岸线禁止建设排放污染物的项目，饮用水水源准保护区内的岸线禁止新建和扩建对水体污染严重的项目，改建项目不得增加排污量。③对因需控制开发利用强度划定的岸线控制利用区合理控制整体开发规模和强度，新建和改扩建项目必须严格论证，不得加大对防洪安全、河势稳定、供水安全、航道稳定的不利影响。

岸线开发利用区管理：应符合依法批准的省域城镇体系规划和城市总体规划，需统筹协调与流域综合规划，防洪规划，取水口、排污口及应急水源地布局规划，航运发展规划，港口规划等相关规划的关系，充分考虑与附近已有涉水工程间的相互影响，合理布局，按照"深水深用、浅水浅用"和"节约、集约利用"的原则，提高岸线资源利用效率，充分发挥岸线资源的综合效益。

2. 《河湖岸线保护与利用规划编制指南（试行）》内容

为明确河湖岸线保护与利用规划编制技术思路和技术要求，统一规划编制范围、目标任务和主要内容，水利部于 2019 年 3 月制定了《河湖岸线保护与利用规划编制指南（试行）》。

《河湖岸线保护与利用规划编制指南（试行）》规定了河湖岸线保护利用的规划原则、规划编制范围与水平年、规划编制依据，明确了河湖岸线功能区及岸线边界的基本概念与划分方法，提供了规划编制工作的主要技术路线等。

以《河湖岸线保护与利用规划编制指南（试行）》为指导性文件，2020 年 7 月，重庆市水利局印发《重庆市河道岸线保护与利用规划编制工作方案和技术大纲》，决定于 2020 年和 2021 年开展全市流域面积 50 km² 及以上河流与其他重要河流的河道岸线保护与利用规划编制工作。本次规划要求科学、合理地划定"两线四区"（临水边界线、外缘边界线、保护区、保留区、控制利用区、开发利用区），确定"四大管控指标"（自然岸线保有率、岸线利用率、岸线保护率、水域空间保有率）。规划目的：加强水域岸线空间管控，严格执行长江经济带发展负面清单的核心要求，推动重庆市岸线有效保护和合理利用，维护河势稳定，保障防洪安全、供水安全、航运安全、生态安全。

3. 库区其他岸线管理的技术性文件

1）岸线管理技术性文件列表

为了适应三峡库区内各区县社会经济的发展，在 2016 年 9 月《岸线规划》印发后，各区县有关部门及行业均出台了新的规划及指导文件，将调研获得的典型区县中，与岸线保护及利用相关的新出台的规划进行整理，如表 3.1.2 所示。

表 3.1.2　库区岸线管理技术性文件统计

调研区县	文件名称
重庆市全市	《重庆市全面推行河长制工作方案》
重庆市主城区	《重庆市主城区"两江四岸"治理提升实施方案》
	《重庆市主城区防洪规划（2016—2030 年）》
重庆市涪陵区	《涪陵段滨江地带治理提升统筹计划》
	《重庆市涪陵区城乡总体规划（2015—2035 年）》
	《重庆港涪陵港区总体规划》
	《重庆市涪陵区城市乡镇防洪现状评估报告》
重庆市万州区	《关于万州区实行保护和利用开发研究项目的建议意见》
	《万州滨水空间综合利用规划》
	《万州区防洪现状调查评估报告》
	《关于配合做好〈重庆市长江两岸造林绿化实施方案〉编制工作的通知》
	《万州区防洪现状调查评估报告》
	《重庆市万州港区总体规划（2016 年 9 月）》
湖北省秭归县	《宜昌港总体规划修订报告文本》
	《湖北省秭归县三峡水库消落区综合治理实施方案》
	《省环保厅　省发改委关于印发湖北省生态保护红线划定方案的通知》
	《宜昌市秭归县水资源保护规划（送审）》
	《湖北省宜昌市秭归县水利风景区建设发展规划》
	《秭归生态文明建设示范县规划文本》

2）主要岸线管理技术性文件内容

（1）《重庆市全面推行河长制工作方案》。2017 年 3 月 16 日，中共重庆市委办公厅、重庆市人民政府办公厅联合印发《重庆市全面推行河长制工作方案》，该工作方案中"主要任务"的第二条为"加强河库水域岸线管理保护"，其主要内容为：①夯实河库管理保护基础工作。开展河库调查，公布河库名录，依法划定河库管理范围，设立界碑。到 2017 年底，完成流域面积 50 km² 及以上河流的重要河段岸线 2.6×10⁴ km 划界。②加强涉河建设项目管理。严格水域岸线等生态空间管控，确保区域内水域面积占补平衡。落实规划岸线功能分区管理要求，完善部门联合审查机制，严格执行涉及河道岸线保护和利用建设项目审查审批制度，切实强化岸线保护和节约集约利用。全市自然岸线保有率控制在 80% 以上。③加强河道采砂管理。全面实施河道采砂规划，严格执行禁采区、禁采期规定，保障河势稳定。

（2）《重庆市主城区"两江四岸"治理提升实施方案》。《重庆市主城区"两江四岸"治理提升实施方案》中针对岸线保护及开发利用提出的要求包括：结合消落带治理、"清水绿岸"治理提升，推动长江岸线的珊瑚公园、弹子石片区、九滨路片区、哑巴洞片区、花溪河片区和嘉陵江岸线的江北嘴江滩公园、玉带崖壁公园、相国寺码头、李子坝片区、磁器口片区十大公共空间的开工建设。

（3）《重庆市主城区防洪规划（2016—2030年）》。《重庆市主城区防洪规划（2016—2030年）》中在重庆市主城区新建的具体防洪护岸工程包括长江干流与嘉陵江流域两方面。①长江防洪护岸工程：2020年前规划新建防洪护岸工程45 km，分别是大渡口区防洪护岸综合整治工程（三期）、大渡口区钓鱼嘴河段防洪护岸综合整治工程、大渡口区重钢河段防洪护岸综合整治工程、江北区唐家沱段防洪护岸工程、九龙坡区九渡口河段防洪护岸综合整治工程、南岸区南滨路五期长江防洪护岸综合整治项目二期、渝北区洛碛镇河段防洪护岸综合整治工程。远期主要实施渝中区、江北区等城市拓展区防洪不达标的区域。②嘉陵江防洪护岸工程：2020年前规划新建防洪护岸工程40 km，分别是江北区江北农场防洪护岸综合治理工程、渝北区大竹林河段防洪护岸综合治理工程、渝北区礼嘉河段防洪护岸综合治理工程、渝北区悦来河段防洪护岸综合治理工程、北碚区澄江镇河段防洪护岸综合整治工程、北碚区东阳段防洪护岸综合治理工程、北碚区郭家沱至庙嘴防洪护岸综合治理工程、北碚区滴水岩至毛背沱防洪护岸综合治理工程、北碚区滴水岩至鸡公嘴防洪护岸综合治理工程。远期主要实施渝中区大溪沟至朝天门河段以及其他城市拓展区防洪不达标的薄弱区域。

（4）《重庆市涪陵区城乡总体规划（2015—2035年）》。《重庆市涪陵区城乡总体规划（2015—2035年）》中对重庆市涪陵区的岸线保护及开发利用提出的相关要求包括：①规划建设船舶建造基地和清洁能源基地。船舶建造基地分组团布局在马鞍街道、江北街道、珍溪镇等长江沿岸，清洁能源基地布局在南沱镇，规划期内为发展核能预控发展空间。②规划建设两个客运码头，分别为黄旗港区、蔺市游船作业区。规划建设两个货运港区，分别为龙头港区、李渡港区。规划保留川东造船港区。③除在建项目外，长江干流及主要支流岸线1 km范围内禁止审批新建重化工项目，已签订投资协议和立项的项目，经论证后达到环保要求的，准予其继续实施；现有化工项目采用先进生产工艺或改进工艺流程，减少污染物排放量和排放强度的，按程序批复实施，制订方案加快搬迁1 km范围内环保不达标的化工企业；除经国家和市人民政府批准设立，但仍在建设的工业园区，可以继续按已批准的园区发展规划确定主导产业规划、布局和引进工业项目外，长江干流及主要支流岸线5 km范围内不再新布局工业园区，现有工业园适度拓展除外；除能源矿产项目外，长江干流及主要支流岸线1 km范围外新建工业项目必须入园；新布局的化工项目必须进行充分论证，在符合环境保护的前提下准予建设。

（5）《重庆港涪陵港区总体规划》。《重庆港涪陵港区总体规划》中对涪陵区内的岸线利用做出了相关规划：①长江。李渡岸线规划维持现状用途（用于件杂货运输、商品车滚装、食用油运输）；珍溪岸线规划港口岸线0.75 km，用于散货、件杂货、沥青运输；石沱岸线规划再利用岸线0.8 km，用于危化品、件杂货、干散货运输；龙头岸线规划再利用岸线2.2 km，用于集装箱、件杂货、干散货运输；观音沱岸线规划港口岸线0.45 km，用于环卫、支持系统；清溪岸线规划再利用岸线0.8 km，用于干散货、件杂货运输；三堆子岸线规划港口岸线0.15 km，用于支持系统。②乌江。白涛岸线规划再利用岸线0.9 km，用于危化品、干散货、件杂货运输及液化天然气加注。对港口布置的规划包括：根据城市发展需求，逐步取消涪陵港区三桥之间的货运码头功能，涪陵港区货运作业区以龙头、石沱、李渡、白涛等为主。

（6）《重庆市万州港区总体规划（2016年9月）》。《重庆市万州港区总体规划（2016

年9月)》中对万州港区规划建设"二客五货一基地","二客"指鞍子坝旅游客运作业区、江南旅游客运作业区,"五货"指新田、桐子园、猴子石、双周和望天咀货运作业区,"一基地"指太龙游艇基地。

(7)《湖北省秭归县三峡水库消落区综合治理实施方案》。《湖北省秭归县三峡水库消落区综合治理实施方案》中将三峡水库消落区划分为保留保护区、生态修复区和工程治理区三类,并对三类区域提出了不同的管理措施:①保留保护区。一般保护措施,针对农村集中居民点周边消落区,以及人口密度较小,人为活动较少,且岸线占用或开发利用较少的农村区域消落区,通过勘界立碑、设置标识牌等方式明确范围界限,提高公众消落区保护意识,保证消落区自然恢复。重点保护措施,针对城集镇范围内消落区,这类区域人口相对密集、人类活动干扰较多,位于坡度平缓、环境敏感区,通过设置防护网,局部加密界碑、标识牌和宣传牌,在人口密集区设置监测设施设备等方式,减少和避免人类活动的干扰。②生态修复区。植被恢复及试点示范工程、国家湿地公园建设、滨水生态景观带建设、废弃码头场地生态修复。③工程治理区。实施库岸再造较强烈段治理,保障人民群众安全;实施岸线环境综合整治,改善集镇岸线环境。其中,库岸环境综合整治重点实施项目包括秭归县泄滩乡杨家坪库岸综合整治工程、秭归县沙镇溪镇库岸综合整治工程、秭归县郭家坝镇库岸综合整治工程、秭归县归州镇库岸综合整治工程。库岸再造较强烈段治理重点工程包括泄滩乡坊家山村库岸再造强烈段工程治理、泄滩乡陈家湾村库岸再造强烈段工程治理、归州镇屈原庙村库岸再造强烈段工程治理、归州镇官庄坪村库岸再造强烈段工程治理、屈原镇长江村库岸再造强烈段工程治理、九畹溪镇库岸再造强烈段工程治理、屈原镇西陵峡村库岸再造强烈段工程治理、郭家坝镇烟灯堡村—郭家坝村库岸再造强烈段工程治理等。

3.2 库区岸线管理行动与实施成果

近几年,依据现有岸线管理法律法规与管理办法,水利部、重庆市和湖北省人民政府与有关部门,针对长江干流和主要支流岸线管理、三峡库区岸线管理,展开了较大规模的实际管理行动,取得了很多成果。

3.2.1 长江干流岸线保护和利用专项检查行动

1.专项检查行动简介

为加强长江岸线管理保护,积极推动《长江经济带发展规划纲要》和《岸线规划》的贯彻落实,推动长江经济带发展领导小组办公室印发了《关于开展长江干流岸线保护和利用专项检查行动的通知》(第60号),根据推动长江经济带发展领导小组办公室的要求,水利部先后印发《水利部办公厅关于开展长江干流岸线保护和利用专项检查行动自查工作的通知》(办建管函〔2017〕1642号)和《水利部办公厅关于开展长江干流岸线保护和利用专项检查行动重点核查工作的通知》(办建管函〔2018〕245号),明确了自查与重点核查工作的内容及要求。按照推动长江经济带发展领导小组办公室及水利部的工作部署,水利部长江水利委员会部署开展长江干流岸线保护和利用专项检查行动。

本次专项检查行动的工作范围为长江溪洛渡以下干流河段,涉及云南省、四川省、重庆市、湖北省、湖南省、江西省、安徽省、江苏省和上海市 9 省(直辖市),河道全长约 3 117 km,岸线总长约 8 311.7 km(含洲滩岸线)。检查对象为长江干流已建、在建岸线利用项目,包括跨河、穿河、穿堤、临河的桥梁、码头、道路、渡口、管道、缆线、取水、排水等工程设施和涉及岸线利用的防洪护岸整治工程、生态环境整治工程等。

2. 专项检查行动成果

(1)摸清了长江干流岸线利用项目底数。以水利部长江水利委员会"水利一张图"为基础,运用大数据、遥感、移动智能等技术手段,开发了面向各级水行政主管部门和岸线利用项目业主单位的岸线利用项目基本信息填报系统,实现了信息的填报、复核、研判过程的网上操作。同时,开发移动端"水利一张图"App 软件,便于现场核查信息的采集与提交,并抽调了近 300 名技术骨干会同沿江 9 省(直辖市),对溪洛渡以下长江干流约 3 117 km 河道、约 8 311.7 km 岸线范围内的 3 545 个岸线利用项目进行了现场核查,基本摸清了长江溪洛渡以下干流岸线的利用现状。

(2)建立了长江干流岸线利用项目台账。基于在省(直辖市)自查和重点核查阶段开发的岸线利用项目基本信息填报系统,为加强岸线利用项目管理,实时、动态掌握岸线利用项目基本情况,进一步开发了长江干流岸线利用项目台账系统,并于 2019 年 4 月投入运行,覆盖了沿江 9 省(直辖市)的省、市(州)、县(区)三级水行政主管部门和项目运营管理单位。依托该台账系统,开展了岸线利用项目清理整治督查、整改规范类项目防洪影响论证报告审查意见复核、拆除取缔和整改规范项目现场复核等工作,大大提高了工作效率,实现了信息的实时更新和共享互通,初步形成了水利部长江水利委员会和地方水行政主管部门信息共享、交流互动、协同管理的工作平台。

(3)清理整治违法违规项目。按照推动长江经济带发展领导小组办公室的部署,长江干流岸线保护和利用专项检查行动分为省市自查、重点核查和清理整治三个阶段。清理整治工作共排查出 2 441 个涉嫌违法违规的项目,分拆除取缔和整改规范两类进行整改。截至 2019 年 4 月,根据地方报送的进展情况,需拆除取缔的 356 个项目,除少数几个申请保留或延期拆除外,其余均已完成拆除;需整改规范的 2 085 个项目,80%以上已完成整改。

(4)促进长江干流岸线面貌改善。在长江干流岸线保护和利用专项检查行动中,拆除了不符合岸线管控要求或影响河道行洪的建(构)筑物,完善了防洪影响补救措施,对具备复绿条件的长江干流岸线进行了复绿,长江干流岸线面貌得到改善。

3. 三峡库区岸线利用项目专项检查行动效果

(1)未获许可的岸线利用项目占比高。专项检查行动涉及三峡库区的岸线利用项目共 822 个,其中未获得许可的项目有 595 个,占比达到 72.38%。各类未获得许可的利用项目中以港口码头工程的数量最多,达到 420 个,占整个利用项目的 51.09%,占库区 529 个港口码头项目的 79.40%。

(2)位于保护区与保留区的岸线利用项目占比较多。以港口码头项目为例,库区 525

个港口码头中有 111 个在保护区或保留区，占比达到 21.14%。

（3）清理整治违法违规项目取得一定成效。截至 2019 年 4 月，三峡库区 476 个需要整改规范的岸线利用项目中，约 80%的项目已完成整改。重庆市已认定需要拆除取缔的项目有 61 个，截至 2019 年 4 月，已完成拆除项目 41 个，其中复绿项目 2 个，拆除项目完成率为 67.21%。

3.2.2　全国河湖"清四乱"专项行动

1. "清四乱"专项行动简介

为全面贯彻习近平新时代中国特色社会主义思想和党的十九大精神，落实中央领导同志重要批示精神，推动河长制湖长制工作取得实效，进一步加强河湖管理保护，维护河湖健康生命，经研究，水利部决定自 2018 年 7 月 20 日起，用 1 年时间，在全国范围内对乱占、乱采、乱堆、乱建等河湖管理保护突出问题开展"清四乱"专项行动。

2. "清四乱"专项行动成果

根据各省级水行政主管部门报送的数据，在流域面积 1 000 km^2 以上河流、水面面积 1 km^2 以上湖泊，各地共排查出"四乱"问题 56 024 个，截至 2019 年 11 月，已完成清理整治 55 831 个，整改完成率达 99.66%；对纳入中央纪委主题教育专项整治的 2 108 个问题，已完成清理整治 1 931 个，119 个问题已完成阶段性清理整治，其余 58 个问题经省级河长同意予以延期。

其中，重庆市排查出"四乱"问题 451 个，完成清理整治 444 个，整改完成率为 98.45%。

3.2.3　《关于严格管控长江干线港口岸线资源利用的通知》简介

为贯彻落实习近平总书记关于深入推动长江经济带发展的重要讲话精神，进一步加强长江干线港口岸线管理，促进长江港口和经济社会高质量发展，2019 年 7 月交通运输部办公厅与国家发展和改革委员会办公厅联合印发了《关于严格管控长江干线港口岸线资源利用的通知》。

《关于严格管控长江干线港口岸线资源利用的通知》提出了五大具体举措，即严防非法码头现象反弹、优化已有港口岸线使用效率、严格管控新增港口岸线、保障集约绿色港口发展岸线和推进港口岸线精细化管理；提出了 12 条措施意见，即依法打击违法利用港口岸线行为、严格管理临时使用的港口岸线、加强规范提升老码头使用效率、整合闲置码头和公务码头资源、严控港口岸线总规模、严控工矿企业自备码头岸线、严控危险化学品码头岸线、保障规模化公用港区岸线需求、统筹安全绿色港口岸线需求、高质量修订港口规划、制定港口岸线利用效率指标、建立定期评估和信用管理制度。

《关于严格管控长江干线港口岸线资源利用的通知》最后提出由沿江省、市交通运输主管部门在本通知基础上制定具体细则，进一步增强可操作性，有条件的地区可积极探索港口岸线退出机制和有偿使用试点工作。

3.3　库区岸线管理现存问题分析

3.3.1　库区岸线保护利用规划中的问题

1. 为岸线保护利用规划提供依据的深度科学研究成果较少

一是对库区岸线资源利用的各类需求没有精细化预测。现有预测方法多采用较为简单的线性预测方法，缺少社会经济发展与岸线利用需求之间内在关系的深入研究，特别是中长期的精细化预测。二是缺少库区岸线资源保护利用的合理性评价与优化分析方面的深度研究。由于三峡库区岸线消落带水位变化非常大，港口岸线利用效率、防洪岸线与生态岸线合理比例、自然岸线合理保有率等影响岸线保护利用规划的问题缺少多学科参与的综合性科学研究。

2. 岸线保护利用规划协调性需要提高

一是区域间岸线利用规划的协调性有欠缺。以港口岸线规划为例，库区内一些重点区县都有自己的港口规划，这些规划考虑局部利益较多，考虑全局利益较少，考虑竞争性较多，考虑专业分工的协调性较少，从而影响整个库区港口岸线的集约程度和利用效率。二是行业之间的协调性有欠缺。库区内涉及岸线保护利用的规划主要有防洪规划、港口规划、城乡发展规划等，这些规划涉及水利、交通运输、环保、自然资源等不同部门，缺少多部门参与的规划协调机制。

3.3.2　岸线监督管理存在的主要问题

1. 岸线保护意识需要进一步提高

随着生态优先、绿色发展理念的不断深入人心，库区岸线保护意识也在不断增强，但与库区经济可持续发展的要求还有差距。例如，库区一些港口码头，由于业主岸线保护意识薄弱，码头货场管理混乱，岸坡维护不力，对河势稳定、局部水环境与大气环境造成了较大的负面影响。因此，社会公众对岸线保护的责任意识和参与意识有待提高。

2. 库区岸线管理法规制度需要完善

由于尚无全国性的专门针对岸线管理的法律法规，也没有专门针对三峡库区岸线管理的相关法律法规或管理条例，有关岸线管理的规定在不同的法律法规中的某些条款中有所体现，岸线利用管理缺乏顶层设计。此外，岸线管理涉及的行业和部门众多，水行政主管部门将岸线纳入河道管理，交通运输部门将港口岸线纳入港口管理，土地管理部门将岸线纳入土地管理，存在"职能交叉""政出多门""各自为政"等问题，客观上造成了岸线行政许可审批的多头管理和条块分割，迫切需要通过立法明确岸线管理保护的责任主体和相关部门的具体职责。

3. 库区岸线管理监督管理制度与能力需要强化

一是需要有常规化的岸线管理监督管理制度。长江干流岸线保护和利用专项检查行动及全国河湖"清四乱"专项行动均为一次性的岸线管理监督检查行动。二是随着长江岸线开发利用需求的不断提高,各级水行政主管部门监督管理岸线的管理任务越来越重,管理人员不够、管理设施缺乏、管理手段落后、管理经费不足等现象普遍存在。监督管理能力的不足客观上造成了岸线利用项目违法违规建设情况不能及时发现、及早处理,加大了执法成本和难度。

4. 缺乏有效的市场调控手段

库区大部分岸线资源均未实行有偿使用,库区岸线资源的稀缺性未能得到充分体现,市场配置资源的决定作用尚未得到发挥。库区企业专用码头占比较大,由于未实行有偿使用,加之缺乏有效的市场、经济调控等管理手段和出让、转让、退出等制度,部分码头岸线的利用效率较低,不利于岸线资源的集约化利用。

3.4　现有岸线管理经验与研究综述

3.4.1　国外河流岸线管理经验

1. 美国田纳西河岸线管理模式

田纳西河是美国密西西比河下游重要的二级支流,全长 1 043 km。20 世纪 30 年代,美国国会通过了《田纳西河流域管理局法案》,标志着田纳西河流域管理局(以下简称管理局)的诞生。该法案明确规定了管理局的责任:改善田纳西河的航运,保证洪水控制,确保流域绿化和边远土地利用,确保工农业发展和国防等。

管理局将全流域岸线管理分为四种类型:①洪水淹没权岸线。类似于地役权的设置,以满足行洪需要。这些岸线一般是私人所有财产,但洪水淹没权属管理局,在这些岸线建设构筑物必须获得管理局批准。在某些情况下,管理局对这类岸线有通行权,允许沿线徒步旅行等。②管理局所有但居民可通行的岸线。管理局当前允许在此类岸线内建设码头、护岸、船库及其他构筑物。③管理局所有但与他人共同管理的岸线。这是毗邻已经售出、转让或以其他方式给开发商、企业或地方、州、联邦机构用于商业娱乐、公众娱乐、工业开发、自然资源管理的土地。④管理局所有且管理的岸线。其主要分布在没有通行权影响未来利用的河段,是传统水库、土地管理规划的主要岸线。

2. 莱茵河岸线管理经验——流域统一管理与地方管理相结合

莱茵河流域面积约 $22.4×10^4$ km²,流域人口 5 800 万人,包括瑞士、列支敦士登、意大利、奥地利、德国、法国、卢森堡、比利时与荷兰共 9 个国家。莱茵河发源于阿尔卑斯山，在荷兰三角洲地区分为几条支流汇入北海，干流长度为 700 km，全长 1 232 km，河流平均径流量为 2 300 m³/s，是欧洲第三大河。

对于流域与岸线开发引发的各类生态环境问题，莱茵河沿岸各国采取了诸多治理与修复措施，经过几十年的探索与实践，形成了内涵及目标不断更新发展、兼顾流域统一管理与地方区域管理的流域岸线综合管理体系，全面覆盖由水域、滨岸缓冲带、陆域构成的岸线空间。①流域综合保护与治理。莱茵河沿岸各国成立跨界流域管理机构，以流域综合保护与治理的不同阶段的目标为指引，有计划、有步骤地实施基于水文生态系统的整体性流域保护与治理模式。②岸线水域保护与治理。莱茵河岸线水域保护与治理的主要目标是通过重视污水处理和加强水质监测，实现水质的提升与恢复，保证饮用水源安全。③滨岸缓冲带保护与治理。莱茵河滨岸缓冲带保护与治理的主要目标是通过修复河岸带和恢复河流生态系统，促进流域生态的修复与改善。④岸线陆域保护与治理。莱茵河岸线陆域保护与治理的主要目标是通过源头治理和改变沿岸土地利用方式，提升流域预防灾害能力，降低流域灾害风险，保障流域安全。

3.4.2　国内河流岸线管理研究总结

近些年，国内学者在河流岸线管理对策与措施方面进行了一些探索，其中在港口岸线管理方面的文献占比较多。具体研究成果从以下几个方面进行总结。

（1）岸线规划与合理布局方面。三峡库区岸线资源的开发需要以科学、合理的岸线利用管理规划为依据，实现资源整合和统一管理。应结合防洪安全、生态修复和滨江景观保护等任务和目标，进行统筹规划设计，以实现岸线多功能利用，促进各方面的协调（李建忠，2019）。这就需要健全政府与部门之间的组织协调机制，统筹兼顾，抓好每个环节，让各单位和部门共同参与进来，如加强水利、交通、园林及国土部门等多方协作，依法依规开展岸线利用与保护工作（杨清可 等，2021；陈维肖 等，2020）。

由于防洪护岸与生态整治工程对社会经济及生态环境均有着正面作用，应保证其应有空间不受侵占，对乱占滥用、过度开发等问题开展综合整治，以恢复岸线的防洪和生态功能，确保城市生活、旅游休闲等不受影响（张泽中 等，2020），还要遵循生态规划、生态设计、生态建造施工的原则，因地制宜地选择合适的护岸形式和结构体系，改善城市滨江水陆环境、景观状况及居住条件，促进社会经济可持续发展（唐晓岚 等，2021；杨志凌，2010）。

（2）岸线管理法律制度与措施方面。河长制的全面建立为我国河湖管理提供了极为有力的抓手，建立河长负责、多部门统筹协调的岸线管控机制有助于高效管理岸线资源（胡琳 等，2018）。《关于全面推行河长制的意见》提出，由党政领导担任河长，按照省、市、县、乡进行分级管理，河长应负责岸线管理，立足本地区岸线情况，明确各级河长岸线管理职责，建立"一个部门统筹、一条线管理、以块为主、属地负责"的涵盖省、市、县、乡的"四位一体"岸线管控机制。

建立分区分级、跨区联动的岸线管控模式对保障防洪、供水、水环境和生态安全，促进经济社会发展，具有十分重要的意义（张瑞美 等，2021）。在科学划分岸线功能区的基础上，强化分区管理和用途管制。综合考虑岸线生态保护总体格局、利用现状及发展需求，将河流岸线管控分为三个等级。

一级管控，对纳入自然岸线格局的岸线，实施生态红线管控，禁止开发利用活动，重点实施自然岸滩养护和生态修复工程，使其自然生态功能得到提升。

二级管控，要求严格限制开发利用活动，保持地方特色，提升公益服务能力。

三级管控，允许适度开发利用，保护为主，节约、高效利用岸线，形成岸线保护与开发相协调的格局。对于分区交界面，建立"联动一体化、联防责任化、联治高效化、联商常态化"的跨区域管控模式。

细化升级河长制，建立岸线规划与管理示范区（夏继红 等，2017）。以生态文明示范区、重要自然保护区等为依托，选择典型岸线区域，在设立总河长负责制的基础上，可按照管控等级、分区特点，分别设置不同等级的河长岗位，明确各岗位职责。在此基础上，编制岸线保护与利用控制性规划，明确功能布局、控制范围，制订岸线生态保护与修复计划，提出岸线开发利用的具体管控措施，建立岸线规划和管理示范区，通过示范区带动其他区域河流岸线的科学规划，以提高规划效率，保证规划效果。

开展动态监测，建立岸线监管信息共享平台（吴晓青 等，2017）。以区域发展为目标，以空间管控为核心，以生态保护为重点，开展动态监测，构建岸线监管信息共享平台，全面掌握岸线演变、使用和整治修复情况，编制岸线监测与统计公报，定期评估岸线保护情况和生态效益，为岸线保护提供技术支撑，切实提高工作效率，提升工作能力。

（3）强化流域水政执法监管对策。建立健全流域与区域联席会议制度，及时协调解决涉河涉湖事项管理问题（郭利君和张瑞美，2020）。在流域层面，建立由流域管理机构牵头，流域各级管理单位和流域相关省份河（湖）长制办公室参加的联席会议制度，及时沟通、协调省际河湖管理与保护相关工作。进一步强化水政执法监管能力，包括组建专职水政监察队伍，加强水政执法信息化建设，加强水政执法队伍规范化建设等。

（4）岸线有偿使用制。明晰港口资源所有权和经营权（潘文达和潘思延，2011）。参照国外组合港发展经验，在产权明晰的条件下，明确港口资源的产权管理者和产权使用者的责任与义务。赋予港口管理机构港口资源代理人的身份，进行港域范围内全部资源的统一规划、管理、租赁和委托经营。

实行岸线分级有偿使用制度（赵琳洁 等，2018）。当前采用的岸线无偿审批使用机制虽然在一定程度上降低了港口企业的经营成本，但是也产生了不利于闲置或低效利用岸线主动退出的负面效应。上海市、深圳市等已在港口岸线有偿使用方面开展了有效的探索并取得了较好的成效。港航统计数据表明，浙江省港口码头建设逐年呈现规模化、专业化趋势，每年均有码头企业退出港口经营业务，采用岸线资源有偿使用的方式批用岸线有助于码头业主积极主动作为，加快闲置或低效码头岸线资源的流通盘活和充分利用。

建立长江岸线资源使用权交易市场（张爱剑和吴丹，2010）。长江岸线资源使用权交易需要有统一的市场，对其进行集约化管理。建议以现有的地方河道管理局（或堤防管理处）的部分职能为基础，成立长江岸线开发利用管理总公司，统一经营长江岸线资源使用权交易市场。以流域水行政主管机关为主，以政府主管部门（地方水行政主管机关）为辅，核定市场客体（区段岸线的使用权）的产生和终止，监督市场行为。

第 4 章

三峡库区岸线资源
保护利用效益评价体系

本章在前人研究的基础上，对库区港口岸线利用效益进行界定，构建港口岸线利用效益评价指标体系，提出基于投入产出法的港口岸线利用效益计算方法。在总结国内外防洪护岸与生态整治工程效益研究的基础上，对三峡库区防洪护岸与生态整治工程岸线的效益进行界定，构建相应的效益评价指标体系，提出有关效益的量化计算模型与估算方法。针对跨江大桥对区域经济贡献的作用机理，对库区城市跨江大桥岸线利用的效益进行定义，构建相应的效益评价指标体系，基于可达性概念，提出库区城市跨江大桥岸线利用效益的计算模型。

4.1 港口岸线资源利用效益评价体系

4.1.1 三峡库区港口岸线利用基本情况

根据 2018 年三峡库区岸线利用项目的核查情况，库区内港口码头利用的岸线长度为 136.77 km，占整个库区总利用岸线长度的 29.90%，排在各类岸线利用方式的第二位，其中库区重庆市段港口岸线利用长度为 124.67 km，占库区港口岸线利用长度的 91.15%，库区湖北省段港口岸线利用长度为 12.10 km，占库区港口岸线利用长度的 8.85%。

港口对库区社会经济发展起着非常重要的作用，如重庆市涪陵区和万州区，港口货运量占整个区域货运量的近 50%，交通运输行业经济增加值占经济总量的 7%左右。研究港口岸线利用效益评价体系，是为了给今后更好地利用库区岸线资源提供理论依据。

4.1.2 港口岸线利用效益内容与界定

1. 港口业与区域经济发展的互动关系

港口作为水运与水运、公路、铁路、管道等运输方式的换装点，具有铁路、公路、航空场站所不具备的综合枢纽功能，在外贸物资运输中具有其他运输方式不可替代的作用。同时，现代港口的功能不断扩展，特别是其作为物流重要节点的作用日益突出，成为国民经济的基础性和服务性产业之一，在经贸发展中发挥着日益重要的作用。

2. 港口业效益的内容

港口项目的建成、使用为港口企业带来了经济效益，直接影响港口企业的生存与发展，更主要的是，其产生的重大社会效益会间接影响众多的利益群体，在社会经济发展、自然资源利用、自然生态环境等诸多方面都产生了重要影响。

现代港口除了发挥基本的运输功能外，还延伸出许多辅助功能。例如，港口所具备的工业功能，不仅为工业提供运输服务，而且为工业发展提供了理想场所。港口所在地所具有的区位优势可以给在港口附近发展工业带来成本节约等优势，使得那些依赖于水运或与水运相关的工业产生巨大的吸引力，从而形成工业的临港化。另外，港口还具备贸易功能、服务功能、物流功能、信息功能等。

随着现代港口功能的多元化，港口对社会经济发展也表现出多方面、深层次的影响。一座新港口的建成，对港口所在城市的工业发展、服务业的发展都起着巨大的促进作用。另外，城市吸引外资的优势、就业情况的改善、政府税收的增加、居民收入的提高也都与港口的发展有着必然的联系。从更广泛的角度来看，港口所在的整个区域的经济增长、生产力布局的变化、产业结构的改善等都是港口各项功能完全发挥后的结果。而国家对外贸易量的增加、对外开放格局的形成也都有港口在其中的促进作用。港口的这些社会经济影响就是港口社会经济效益的表现。

3. 港口岸线利用效益界定

依据本书的研究目的，本书对三峡库区港口岸线利用效益的界定如下。

三峡库区港口岸线资源利用效益是指特定的岸线资源通过依岸线而建的港口码头在运行过程中对区域内的社会经济所产生的直接效益和间接效益。其中，直接效益和间接效益分别表述如下。

港口的直接效益是指港口为完成核心功能所发生的经济活动对社会经济发展所做的贡献，也就是港口的核心经济活动直接作用于社会经济而产生的效益。对于三峡库区港口来说，其核心功能仍然是运输功能，也就是货物和旅客的装卸及进出服务、港口企业的管理活动等。衡量这些核心功能活动的指标即可反映港口岸线资源保护利用的直接经济效益。对于某一具体港口而言，反映核心业务的指标主要包括港口货物吞吐量、港口业就业人数、港口税收、港口净利润（或营业收入）、固定资产折旧及劳动者报酬等。从区域的角度看，反映核心业务的指标还有港口业货物吞吐量及其占区域货运总量的比例、港口业增加值及其占区域生产总值的比例、港口业就业人数等。

港口的间接效益是指港口运输功能扩展出的其他功能产生的效益与港口所有经济活动产生的波及效益的总和。从投入产出的角度看，一个区域港口业的间接效益有以下三个方面。

（1）前向乘数效益（前向推动）。前向乘数效益是指港口生产充当其他部门的中间投入而对社会净产值所做的贡献，表现为间接创造的一系列净产值增量之和。港口作为水运业的重要环节，其发展能将更多的产成品送达消费地，同时也能将更多的原材料运到生产地，这为原有生产部门扩大生产创造了有利条件，从而给生产企业和部门带来效益。对于这些部门的生产来说，港口业的生产运营实质上是一种必不可少的中间投入，根据国民经济平衡发展原理，港口业的发展为以水运活动为中间投入的部门进一步扩大生产创造了条件。而这些部门如果想进一步扩大生产，必然要求其他中间投入也按比例增加，进而给生产中间产品的部门带来效益。

（2）后向乘数效益（后向拉动）。后向乘数效益是指港口需要其他部门的产品作为其中间投入而对社会净产值所做的贡献，表现为间接创造的一系列净产值之和。港口业的发展，离不开基础设施的建设，建设基础设施需要大量的原材料，如水泥、钢铁等。同时，在生产运营过程中还需要消耗电力等资源。因此，港口业生产发展本身会不断扩大对中间投入的需求量，从而促使产品的生产部门扩大生产，给部门带来效益。这些部门由于生产的扩大又进一步产生对其各自中间投入的需要，于是又促使另一些部门扩大生产，从而使整个社会的生产总值增加。

（3）消费者乘数效益（诱发效益）。消费者乘数效益是指港口的直接社会经济效益、前向乘数效益和后向乘数效益由于消费对生产的反作用，社会净产值进一步增加，表现为港口直接社会经济效益、前向乘数效益与后向乘数效益对生产的反作用间接导致的社会净产值的增量。港口业的前向推动贡献和后向拉动贡献使有关部门扩大生产、提高效益,这样会使这些部门的工作人员的收入增加。人们的收入增加后,必然将自己所增加的收入的一部分用于消费,于是就使社会的最终需求增加。社会最终需求的增加必然刺激各部门进一步扩大生产,从而导致收入的进一步增加。在以上的每一个循环中,均会给有关部门带来效益。

4.1.3　港口岸线利用效益指标体系

根据 4.1.2 小节对港口业与区域经济发展的互动关系、港口业效益的内容,以及港口岸线利用效益界定,港口岸线利用效益指标构成如表 4.1.1 所示。

表 4.1.1　港口岸线利用效益指标

指标类型	具体指标		备注
直接效益	港口(业)增加值	劳动者报酬	价值计量 (收入法)
		生产税净额	
		固定资产折旧	
		营业盈余	
	港口(业)总产出(或营业收入)		辅助指标
	港口(业)货物吞吐量		
	港口(业)就业人数		
间接效益	前向乘数效益		前向推动
	后向乘数效益		后向拉动
	消费者乘数效益		诱发效益
岸线利用效益	每千米岸线货物吞吐量		
	每千米岸线总效益		
	每千米岸线直接效益		

4.1.4　港口岸线利用效益计算方法

关于产业经济贡献的研究问题,欧美国家已形成了一套比较完整的分析方法,主要包括乘数模型法、投入产出法、系统动力学、因子分析法等。其中,投入产出法因其数据来源可靠,计量范围较全面等被港口与航空等运输发达国家广泛应用于产业经济贡献的研究中(毛晓蒙和刘明,2021;曾修彬 等,2014;van de Wal and de Jager,2001)。本书考虑先基于投入产出法计算单一港口或区域港口业对地方经济的直接效益和间接效益,然后结合港口利用岸线情况,计算单位港口岸线长度的效益。

1. 投入产出法简介

投入产出法是在美国经济学家 Leontief(1986)提出的投入产出表的基础上,研究国民经济、地区经济、部门经济或企业等经济体之间投入产出相互依存关系的数量分析方法。投入产出法是测算产业关联比较成熟的方法,在我国,投入产出表的编制始于1980年,随着统计工作的精细化,我国各地方(省一级)编制的投入产出表越来越规范、权威,是比较符合我国实际、可操作性强的一种方法。因此,本节采用投入产出法进行港口(业)对地方经济直接和间接贡献的测算。投入产出表如表4.1.2所示。

表 4.1.2　投入产出表

项目		中间使用				最终使用	总产出
		部门 1	部门 2	…	部门 j		
中间投入	部门 1	x_{11}	x_{12}	…	x_{1j}	Y_1	X_1
	部门 2	x_{21}	x_{22}	…	x_{2j}	Y_2	X_2
	⋮	⋮	⋮	⋮	⋮	⋮	⋮
	部门 i	x_{i1}	x_{i2}	…	x_{ij}	Y_i	X_i
增加值	劳动者报酬	v_1	v_2	…	v_j		
	生产税净额	w_1	w_2	…	w_j		
	固定资产折旧	e_1	e_2	…	e_j		
	营业盈余	m_1	m_2	…	m_j		
	小计	u_1	u_2	…	u_j		
总投入		X_1	X_2	…	X_j		

注:x_{ij} 为第 j 部门的产出需消耗的第 i 部门投入的产品数量;X_i 为第 i 部门的总产出;Y_i 为第 i 部门的最终使用,包括消费、投资和净出口;u_j 为第 j 部门的地区生产总值增加值;v_j 为第 j 部门的劳动者报酬;w_j 为第 j 部门的生产税净额;e_j 为第 j 部门在生产过程中所消耗的固定资产价值,即固定资产折旧;m_j 为第 j 部门的劳动者所创造的营业盈余。

依据投入产出表,可得直接消耗矩阵、完全消耗矩阵、增加值系数矩阵等。

1)直接消耗矩阵 A

令

$$A = (a_{ij})_{n \times n}, \quad a_{ij} = \frac{x_{ij}}{X_j}, \quad i,j = 1,2,\cdots,n \qquad (4.1.1)$$

式中:A 为直接消耗矩阵;a_{ij} 为直接消耗系数,表示第 j 部门每单位产值中对第 i 部门产品直接消耗的价值量。

2)完全消耗矩阵 B

B_{ij} 指生产单位最终产品 j 对另一产品 i 的直接和间接消耗量,即完全消耗量。一种产品在生产中对另一种产品的第 1 轮消耗为直接消耗,第 1 轮以后各轮次消耗均为间接消耗,直接消耗和间接消耗之和为完全消耗。

完全消耗系数是两种产品间完全消耗关系的数量表现。根据定义可知,$B = A + A^2 + \cdots + A^k + \cdots$,且其收敛于 $(I-A)^{-1} - I$。

因此,有

·51·

$$B = (I - A)^{-1} - I \tag{4.1.2}$$

令

$$A_u = (a_{u1}, a_{u2}, \cdots, a_{un}), \quad a_{uj} = \frac{u_j}{X_j}, \quad j = 1, 2, \cdots, n \tag{4.1.3}$$

$$A_v = (a_{v1}, a_{v2}, \cdots, a_{vn}), \quad a_{vj} = \frac{v_j}{X_j}, \quad j = 1, 2, \cdots, n \tag{4.1.4}$$

$$A_w = (a_{w1}, a_{w2}, \cdots, a_{wn}), \quad a_{wj} = \frac{w_j}{X_j}, \quad j = 1, 2, \cdots, n \tag{4.1.5}$$

式中：I 为单位矩阵；A_u、A_v、A_w 分别为增加值系数矩阵、劳动者报酬系数矩阵、生产税净额系数矩阵；a_{uj}、a_{vj}、a_{wj} 分别为第 j 部门单位产值对地区生产总值、劳动者报酬、生产税净额所产生的贡献。

2. 投入产出法的原理

1）港口直接效益计算方法

设港口（业）在投入产出表中为第 k 部门，港口（业）总产出增加 ΔX_k，则 $\Delta X = (0, 0, \cdots, \Delta X_k, 0, \cdots, 0)^{\mathrm{T}}$，港口对地区生产总值的直接贡献 R_{G1} 可表示为

$$R_{G1} = A_u \Delta X = a_{uk} \Delta X_k \tag{4.1.6}$$

同理，可计算港口对劳动者报酬和生产税净额的贡献，即

$$R_{v1} = A_v \Delta X = a_{vk} \Delta X_k \tag{4.1.7}$$

$$R_{w1} = A_w \Delta X = a_{wk} \Delta X_k \tag{4.1.8}$$

2）港口间接效益计算方法

（1）后向乘数效益。当港口业产值增加 ΔX_k 时，所消耗的产品为

$$B \Delta X = [(I - A)^{-1} - I] \Delta X$$

故后向乘数效益 R_{G21} 可表示为

$$R_{G21} = A_u B \Delta X = A_u [(I - A)^{-1} - I] \Delta X \tag{4.1.9}$$

（2）前向乘数效益。当港口业产值增加 ΔX_k 时，其部分增加产值作为中间投入在各部门之间进行分配，部门 i 获得的港口业产值为

$$\begin{cases} P_i = x_{ki} \cdot \Delta X_k / (X_k - x_{kk}), & i = 1, 2, \cdots, n, i \neq k \\ P_i = 0, & i = k \end{cases} \tag{4.1.10}$$

这些部门得到港口业产值部分增加值后，可通过扩大生产增加本部门的产值，这时部门 i 所能增加的产值为

$$\begin{cases} \Delta X_i' = P_i / a_{ki}, & a_{ki} \neq 0 \\ \Delta X_i' = 0, & a_{ki} = 0 \end{cases} \tag{4.1.11}$$

因此，各部门产值的增加值 $\Delta X' = (\Delta X_1', \Delta X_2', \cdots, \Delta X_n')^{\mathrm{T}}$。由于这些部门要扩大生产，除了需要港口的中间投入外，还需要其他部门的产品作为其中间投入，这样存在着一轮又一轮对中间投入的需求。因此，这些部门也产生了各自的后向乘数效益，上述所有效

益的综合组成了港口的前向乘数效益 R_{G22}，可表示为

$$R_{G22} = A_u(I-A)^{-1}\Delta X'$$ （4.1.12）

（3）消费者乘数效益。根据凯恩斯乘数原理，如果投资增加 1 个单位，将有 $c/(1-c)$ 个单位用于消费。因此，港口对地区生产总值的消费者乘数效益 R_{G23} 可表示为

$$R_{G23} = (R_{G1} + R_{G21} + R_{G22})\frac{c}{1-c}$$ （4.1.13）

式中：$c = \sum Y_j / \sum u_j$，为边际消费倾向，表示国民总收入每增加 1 元中有多少用于消费。

（4）间接效益为

$$R_{G2} = R_{G21} + R_{G22} + R_{G23}$$ （4.1.14）

（5）总效益模型为

$$R_G = R_{G1} + R_{G2}$$ （4.1.15）

3）投入产出表与统计年鉴的应用说明

各地区（省）在年末号为 2 和 7 时编制一次 144 个部门、44 个部门和 6 个部门三个级别的投入产出表，在 144 个部门的投入产出表中，水上运输为其中一个部门，对于三峡库区而言，可将水上运输业近似当作港口业来考虑，这样可利用投入产出表计算港口业对区域经济的直接和间接贡献。

对于某一具体港口而言，可能只能收集到其营业收入的相关数据，此时可用营业收入代替港口产出（港口业产值），用港口业增加值贡献系数乘以营业收入，近似估计该港口的直接贡献，用以上相关模型计算港口的间接效益。

在只能收集到 44 个部门的投入产出表的情况下，可假设各产业间的技术经济联系在一定时期内变化并不明显，由此产生的产业经济贡献系数值变化不大，可用重庆市 122 个部门的投入产出表或 44 个部门的投入产出表中交通运输行业关于产业间接贡献的系数计算相关港口效益。

统计年鉴中并未将港口业单独作为一个行业进行统计，而是将其归并到交通运输业进行统计，在估算港口业有关效益时可采用比例法，如在估算港口业直接效益时，可用港口业货物吞吐量占区域货运总量的比例乘以交通运输业的增加值得到港口业的直接效益。

3. 港口岸线利用效益计算

在港口业直接效益和间接效益的基础上，利用式（4.1.16）～式（4.1.18）计算港口岸线利用的效益。

$$E_{GTTL} = TTL / L_G$$ （4.1.16）

$$E_G = R_G / L_G$$ （4.1.17）

$$E_{G1} = R_{G1} / L_G$$ （4.1.18）

式中：E_{GTTL}、E_G、E_{G1} 分别为单位港口岸线货物吞吐量、单位港口岸线总效益和单位港口岸线直接效益；L_G 为港口岸线利用长度。

4.2 防洪护岸及生态整治工程岸线利用效益评价体系

防洪护岸与生态整治工程岸线占三峡库区已保护利用岸线的比例超过 50%，对保护库区人民生命财产安全，支持库区社会经济发展起着极为重要的作用，本节旨在研究防洪护岸与生态整治工程岸线保护的效益评价指标体系，以及效益的估算方法。

4.2.1 国内外相关研究总结

国内外对防洪工程的效益研究可追溯到 20 世纪，大量的水利工程设施的修建使得相关研究陆续开展。其中，防洪方面和生态环境方面是效益研究的两个重要部分，但各学者对效益的划分各有差异。根据本书的初步设想，防洪工程的重点在于防治洪水灾害，因而防洪效益是其重要的效益之一，而在生态环境效益等方面，防洪工程与生态整治工程可发挥共同的作用，因此这里将防洪效益和生态环境效益作为两部分，在国内外的研究综述中都分别来考虑。

1. 国外研究现状评述

1）防洪效益研究

国外基本情况与我国有着较大差异，土地私有化、人口密度小等一些特点使得国外研究的出发点与我国有所不同。例如，在考察防洪工程效益时，Santopietro 和 Shabman（1992）从建设成本的来源和工程所在社区之外的居民支付意愿出发，对投票结果分析认为防洪效益不仅仅限于保护区域内，更涉及整个大范围社区内的福祉，除了降低保护区房屋住宅被洪水淹没的可能性，防洪工程还对大范围内人们的消费和收入产生着影响。Arturo 等（2018）则从雨季洪水管理角度出发，研究蓄水的动态管理在减少洪水泛滥方面的作用，并将此作为防洪效益的体现。

国外不同国家对防洪效益的估算方法存在较大差异，日本的防洪工程效益主要以洪灾损失为对象进行估算，首先找出不同洪水流量的淹没范围，对淹没范围内的财产和农作物计算各流量下的平均损失值，从而计算出最终效益（Miyata and Abe，1994）。美国对防洪工程年平均效益的估算与日本类似，也将洪灾损失分为财产损失和农作物损失，采用框算法及曲线描述对防洪进行评价（Wurbs，1983）。

2）生态环境效益研究

生态护岸最早在 1938 年由德国学者 Seifert 提出，强调河道整治工程对生态系统的影响，注重河道景观与周围环境的和谐性（Strauss et al.，2006；Seifert，1938）。瑞士、日本和美国等国家也相继提出了生态护岸的理念（Martínez-Fernández et al.，2017；Hauer and Lorang，2004）。美国学者 Gray 和 Sotir（1996）对生态护岸理念进行了详细阐述，为生态护岸奠定了理论基础。Cairns 和 Heckman（1996）对恢复生态学进行了理论概括，并开始研究河流生态系统的恢复。

但从已查阅的文献来看，国外专门针对防洪岸线生态工程的效益研究并不多见，与本书比较接近的如 Duong 等（2019）对洪水管理的研究，认为对洪水进行有效的管理，对维护和恢复洪泛区湿地的生态价值正起着越来越大的作用，水环境、植被覆盖量及物种多样性等都是生态环境效益的体现。另外，Arturo 等（2018）在考察工程蓄水的动态管理时，对其生态效益关注水生动植物的生存、温室气体的产生等方面，通过改变水文条件观察生态效益价值的变化。

2. 国内研究现状评述

我国针对防洪工程效益的研究数量较多，而专门考察岸线生态整治工程效益的则很少，大多数生态效益的研究都归属在防洪效益的范畴中，其他则是在河道整治或土地整治方面。因此，根据本书的需要，对防洪工程的防洪效益单独进行考察，将其生态方面的效益与生态整治工程合并在一起，以方便为后面的工作提供参考。

1）防洪效益研究

国内大多数研究都聚焦在经济影响和社会影响方面，将工程所预防的可能发生的灾害损失作为防洪效益的体现。当然，这一损失需要通过前后比较得来，如李文英（2009）在研究中指出，防洪地区在没有该防洪工程的情况下所产生的洪灾损失，减去修建该防洪工程后仍可能产生的洪灾损失，得到的差值便是防洪效益。黄伟涛（2018）在对渭河全线防洪工程的效益进行分析时，也从经济效益和社会环境效益两方面着手，经济效益即洪灾可能带来的土地、人口及相关经济发展方面的损失，社会环境效益指避免和减轻对社会正常生产、生活的影响，以及防止灾害可能带来的水质恶化和疾病传播。

防洪工程除了可预防损失以外，还能够带来后续的效益。例如，王海霞（2007）将防洪效益界定为利用工程、非工程防洪措施或其他综合防洪措施而避免或减小的洪灾损失，以及可能增加的土地利用效益；另外，防洪工程通过促进流域经济发展产生的效益，也是防洪效益中的一部分。朱文兰和高强（2017）从重庆市主城区的防洪现状和需求出发，考虑防洪工程对未来主城区社会经济发展的支持保障作用，包括城区面积、人口、地区生产总值等方面。李娟和吴钢（2018）从社会效益和环境效益两方面评价防洪工程，社会效益包括对地区人民生命财产安全的保护、防汛抢险人力物力的节约、城市旅游业经济的发展，以及人民生活水平的提高；环境效益指对水环境、水质等的改善。

另外，也有学者从效益的长远性和直接性来思考。例如，郭建礼等（2010）和王斌等（2019）在研究鳌江干流水头段河道整治所带来的防洪效益时，从近期效益和远期效益两个角度出发。近期效益体现为由河道拓宽、疏浚导致的最高洪水位的降低，以及镇区形成的防洪闭合圈；远期效益指滩地回淤后对洪水水位的影响。杨丽（2017）在进行北京市中心城区防洪系统效益分析时，对防洪效益按项目可减免的洪灾损失来进行计算，用多年平均效益来表示，包括直接效益和间接效益。直接效益指由于防涝措施而减少的直接淹没损失，根据暴雨发生的季节、暴雨强度、暴雨量、积水深度、积水历时及淹没对象等相关历史数据得到；间接效益即减少的间接经济损失，是直接经济损失带来的次生经济损失或衍生出来的经济损失，如由洪水淹没导致的交通、通信中断，原材料供应短缺，经济活动受限或停滞造成的经济损失等。

还有一些学者对防洪工程在减灾方面的经济效益从其他角度来进行分析，如有哪些可变因素会对其造成影响，或者能从侧面反映出效益大小。例如，吴新等（2006，2005）认为城市防洪体系本身不创造直接的经济效益，只有防洪工程抵御了一定标准的致灾洪水，减免城市遭受的洪涝损失，才能使其效益得到体现。他们从建设成本角度进行了考量，如果防洪工程设计标准很高，而在工程有限的生命期内很少或没有遇到设计洪水，那么工程无法充分发挥其防洪减灾作用，甚至还会因建设费用较高而面临着较大的经济风险。因此，城市防洪工程的效益表现为：当遇到小洪水时，保证城市不受损失；当遇到致灾洪水时，防洪工程可以减少损失；而当遇到超设计洪水时，洪灾损失值可能陡增。刘迎（2017）则从收益的对象和主体角度出发，认为工程防洪功能的收益主体与投资主体是不对等的，因为收益主体的范围远远超过了投资主体的范围，防洪的效益与其减灾防害功能所保护范围内的收益主体效用紧密相关。

2）生态环境效益研究

生态环境效益在各类工程中都十分常见且非常重要，在此选取一些与本书内容相关的文献，以对本书发挥参考意义。

首先，国内已有的对防洪护岸类工程生态环境方面的效益分析，很多都与防洪功能相结合，考虑洪水变化对河堤两岸的影响。例如，杨志凌（2005）认为环境和生态效益是防洪效益的重要内容，它可以防止不耐涝植被的大片死亡，大大减少洪水带来的水土流失，防止严重的生态破坏，以维系生态系统平衡，使之保持良好的生态功能，促进人与自然和谐相处。李建忠（2019）研究了防洪护岸工程建设在修复和改善河岸自然功能方面的重要意义，如改善生物生存水环境、河堤河床稳定性等。

除此之外，针对城市防洪护岸工程的研究，必不可忽略的便是其景观、娱乐效益，它与市民活动有着较大联系。一些学者在这方面也进行了专门的研究。例如，刘平（2017）根据大型山区性河流具有的特殊地形及水文条件，探寻与其相适应的防洪设施景观化策略，指出防洪护岸工程在保障洪涝安全的同时，还发挥着固土护坡、满足市民亲水性等水土保持及休闲娱乐效益。刘平和周建华（2017）对重庆市南滨路防洪护岸的景观化做了探讨，提及了景观工程在市民、游客休闲娱乐及商业服务方面所起到的作用，强调其休闲娱乐社会效益。

还有一些学者从更加宏观的角度定义生态效益，认为它是一种更深层次的影响。胡杨和严坤钦（2015）在对防洪工程的生态效益进行分析时，采用生态系统服务功能价值理论，主要描述生态系统与生态过程的形成，以及所维持的人类赖以生存的自然环境条件与效用。吴翠霞等（2020）认为整治工程改变了土地生态系统中土壤、植被、水文、气候等各类要素，进而引起景观格局、景观结构的调整，促使生态景观的重组和优化，这便是工程的生态效益。

与本书中生态整治工程类似的即一些河道的疏通整治，或者沿岸土地的整改，其对本书也有着参考意义。例如，张贵军和孙国敏（2009）在对烟台市土地整治进行生态效益评价时，以定性描述为主，以定量描述为辅，认为它是土地开发整治引起的生态资源功能效益和生态资源功能损益的总和，也是生态资源多种价值之和。有时各种生态环境效益不能用现金价值的形式直接表现出来，但可以用简洁的方法来计量。杨丽等（2017）认为河流的生态治理能对当地的防洪、景观和经济三个方面进行改善，两岸的生态工程能使治理区域的亲水性、景观性得以体现，并对沿河周边的经济发展起到积极作用。

3. 防洪效益与生态环境效益指标文献总结

近年来，已有一些研究者对防洪及河道综合整治工程的防洪效益和生态环境效益做出了研究，提出了防洪效益与生态环境效益指标，尽管研究对象、研究范围、研究视角和研究目的各不相同，但对本书仍然有着参考价值，故在此总结出一些文献中的指标，以便结合本书的研究对象与研究目的，提出相应的评价指标体系。

1）防洪效益指标总结

将文献的防洪效益划分和具体体现指标，以及研究的对象和内容进行总结归纳，结果如表 4.2.1 所示。

表 4.2.1　防洪效益文献指标总结

文献	准则层	指标	研究对象及内容
李文英（2007）	防洪减灾效益	减灾面积	宝鸡市渭河市区段及支流入渭口防洪暨生态治理工程综合效益分析
		单位面积上洪灾损失	
	防洪社会效益	土地利用结构调整	
		沿河开发区发展	
孙又欣和姚黑字（2013）	减灾效益	出险数量变化	湖北省长江河段防洪工程效益分析
		险情程度变化	
		防汛成本	
肖阳等（2020，2016）	经济效益	社会物质财产安全	水利工程中河道生态护坡施工技术、城市防洪工程效益评价
		居民财产安全	
		抢险救灾	
		带动土地增值	
		旅游经济	
	社会效益	政治稳定与文化	
		社会安定	
		生命安全与健康	
元媛等（2017）	河势稳定	堤线布置	库岸整治工程防洪安全评价指标体系初步研究
		岸坡抗滑稳定影响	
		流速影响相对值	
曹宸和李叙勇（2018）	防洪效益功能	河流调蓄率	北京市房山区河流生态系统健康评价
		河岸缓冲带结构稳定率	

可以看出，安全问题是防洪工程的首要关注点，大部分评价指标都是从工程减少的灾害损失着手，这种损失既包括经济方面的，又包括社会稳定层面的。其中，减少的受灾面积，保护的人口、财产安全，以及带动的周边土地开发和经济发展是防洪效益最主要的体现。

2）生态环境效益指标总结

由于生态环境包含的范围较广，影响的方面众多，相关的效益评价指标也较多，如表 4.2.2 所示。

表 4.2.2　生态环境效益文献指标总结

文献	准则层	指标	研究对象及内容
李文英（2007）	环境效益	空气质量净化与改善	宝鸡市渭河市区段及支流入渭口防洪暨生态治理工程综合效益分析
		局部和区域气候调节	
		防尘降噪和防风沙效益	
	生态效益	生物多样性改善	
		植物变化与环境优化	
韩雪等（2013）	生态效益	植物种类多样性	昆明金殿国家森林公园景观生态效益分析
		固碳能力	
		清除空气污染物能力	
	景观观赏性	景观优美度	
		景观清洁度	
	休闲娱乐	遮阴效果	
		舒适度	
		活动丰富度	
王晓玲等（2015）；王恩等（2011）	调节服务	固碳制氧	土地整治生态效益定量化评价、杭州西湖风景区绿地货币化生态效益评价研究
		净化空气	
		气候调节	
		蓄水能力	
	支持服务	水土保持	
	文化服务	观光旅游	
肖阳等（2020，2016）	环境效益	河道、河滩及湿地影响	水利工程中河道生态护坡施工技术探究、城市防洪工程效益评价
		城市空气、水环境、绿化	
	景观效益	物种多样性	
		景观和谐性	
赵云飞和张晓伟（2015）	生态效益	生态系统服务价值	土地整治效益综合评价
		生态多样性	
		土地盐碱化率	

文献	准则层	指标	研究对象及内容
郭丽峰等（2018）	水质状况	水面清洁、水质改善	农村河道综合整治生态环境效益评估体系研究
		河道环境状况改善	
	河岸带状况	河势与岸坡稳定	
	河道景观	人居环境改善	
吴翠霞等（2020）；陶卓琳等（2019）	生态效益	绿色植被覆盖率增加值	白银市土地利用变化对生态系统服务价值的影响、基于模糊模型识别法
		土地利用率提高值	
		水土流失治理面积	
张泽中等（2020）；刘发和袁义杰（2019）	生态环境	绿化率	乡村振兴战略指导下的生态灌区建设与管理、北京市清河生态治理后评价研究
		水质浑浊度	
		水景观美化效果	
	经济社会	休闲适宜度	
		公共满意度	

从总结的指标中可以看出，气候影响、生物多样性影响、水土保持和空气净化是研究者比较重视的生态效益影响，除此之外，社会环境效益如景观化、市民休闲娱乐作用，也是一些研究者关注的方面。土地整治类工程通常偏向土壤环境和自然影响，而城市防洪及河道整治类工程则将人们的活动也纳入考虑范围。

现有的研究大多是从定性的角度来描述工程的生态环境效益，有些指标较为模糊且难以量化。对于一些描述性指标，需依靠现场观察和调查问卷结果来评价，但现有指标的直观性仍旧不足，故还需在此基础上进行进一步的细化。

4.2.2　三峡库区防洪护岸与生态整治工程岸线利用效益界定

三峡库区防洪护岸与生态整治工程绝大多数位于城镇沿河两岸，因此，其效益主要包括城市防洪效益与生态环境改善所产生的效益。

参考现有研究成果，考虑三峡库区防洪护岸与生态整治工程的特点和本书的研究范围，本书对三峡库区防洪护岸与生态整治工程岸线保护的效益做出了界定。

三峡库区防洪护岸工程岸线防洪效益指沿岸防洪护岸工程在一定洪水水平下保护防洪区人民生命财产安全产生的直接效益，包括防洪减灾效益和增加的土地开发效益。防洪减灾效益与保护区社会经济发展水平密切相关，因此防洪护岸工程的防洪效益指标可用保护区人口、保护区面积、保护区经济发展水平、增加的可开发利用土地等指标描述。

三峡库区防洪护岸与生态整治工程岸线生态环境效益指沿岸防洪护岸与生态整治工程所产生的水土保持效益和自然环境改善效益。

其中，水土保持效益指防洪护岸和生态整治工程减少水土流失、减轻河流淤积、保持库岸稳定所产生的社会经济效益，如减少水、肥、土的流失从而增加的农业生产效益，较少河道与水库淤积所产生的航运效益和节约的清淤费用，保持库岸稳定、较少库岸崩塌所节约的水利工程费用。这些效益均与水土保持工程的质量和数量密切相关，因此，本节初步确定以防洪护岸和生态整治工程的水土保持面积与减少的水土流失数量为其水土保持效益。自然环境改善效益指防洪护岸和生态整治工程改善自然环境所产生的空气质量改善、自然景观改善、休闲娱乐环境改善及交通条件改善等各种社会效益。自然环境改善效益主要是一种主观感受，可通过现场考察及问卷调查获得一些客观评价，也能通过这些工程的某些指标客观反映，如工程所产生的绿地面积等。

4.2.3　三峡库区防洪护岸与生态整治工程岸线利用效益指标体系

依据 4.2.2 小节定义，本书提出防洪护岸与生态整治工程岸线利用效益指标体系，如表 4.2.3 所示。

表 4.2.3　防洪护岸与生态整治工程岸线利用效益指标体系

指标类型	二级指标	参数指标	
防洪效益	减灾效益	保护区面积	
		保护区生产总值	
		保护区人口	
	开发效益	增加的可开发土地面积	
		带动土地增值	
生态环境效益	水土保持效益	水土流失减少	减少泥沙淤积价值
		库岸稳定效益	节约水利工程费用
	环境改善效益	绿地面积增加	固碳价值
			制氧价值
			吸收 SO_2 价值
			滞尘降尘价值
			调节气候
		景观改善	旅游增效
		休闲娱乐场所增加	
		交通条件改善	
岸线保护利用效益	每千米岸线防洪效益（防洪护岸工程）		
	每千米岸线生态环境效益		
	每千米岸线总效益		

（1）减灾效益。防洪工程的减灾效益与防洪工程保护区的社会经济发展水平密切相关，即减灾效益与保护区人口数量、生产总值等有关，减灾效益大小将在后面的估计模型中给出。

（2）开发效益。三峡库区防洪护岸工程主要在城市沿河两岸，工程建设后有助于稳定库岸和营造较好的生产或居住环境，有可能使两岸可开发利用的土地增加。

（3）水土保持效益。防洪护岸与生态整治工程均有减少水土流失和稳定库岸的作用，其效益体现在减少水库泥沙淤积而节约的清淤费用（减淤效益），以及由于库岸稳定而节约的库岸修复等工程费用（库岸稳定效益）。

（4）环境改善效益。环境改善效益主要体现在绿地面积增加、自然景观改善、休闲娱乐场所增加及交通条件改善等方面。三峡库区防洪护岸与生态整治工程采用的护岸材料绝大多数为植生型，现场调查表明，工程伴随有较大面积的绿地产生，对当地自然环境改善有着较大的作用。大量研究表明，绿地面积增加可产生固碳制氧、改善空气质量（吸收 SO_2）、滞尘降尘及调节气候等方面的价值。休闲娱乐场所增加、交通条件改善体现的则是一种社会效益。

4.2.4　三峡库区防洪护岸与生态整治工程岸线利用效益计算方法

1. 防洪护岸工程的防洪效益计算方法

1）基于频率曲线法的防洪效益（减灾效益）计算模型

国外主要采用支付意愿法和效益价值树计算防洪工程的效益，而国内防洪工程防洪效益的计算方法主要有频率曲线法、实际年系列法、随机模拟法、保险费法等。考虑到本书的对象为已建成的三峡库区防洪护岸工程，且资料较少，因此本书拟采用频率曲线法估算防洪护岸工程的减灾效益。

频率曲线法的基本原理是，考虑到洪水发生是随机的，洪灾损失也是随机的，因此，以一次洪水的防洪经济效益为基础，根据统计资料和直接损失的典型调查结果，计算出各种频率下有、无防洪工程的淹没损失值，再在频率纸上点绘淹没损失与频率的关系曲线，有、无防洪工程两条曲线以下和纵横坐标轴之间构成的面积就分别是有或无防洪工程的多年平均损失，两条曲线之间的面积就是工程的多年平均效益。

（1）模型假设。为简化计算，本书提出两个假设。

假设 1：在有防洪护岸工程的情况下，当洪水小于防洪工程的防洪标准时，洪灾损失忽略不计；当洪水超过防洪工程的防洪标准时，防洪工程的效益忽略不计。

假设 2：无防洪工程时的损失频率曲线为指数函数。

（2）模型形式。根据模型假设，无防洪工程时的损失频率曲线示意图如图 4.2.1 所示。损失频率曲线的形式为

$$L(p) = a\mathrm{e}^{-\lambda p} \tag{4.2.1}$$

这样，减灾效益模型如下：

$$R_{F_1} = \int_{P_b}^{1} a\mathrm{e}^{-\lambda p} \mathrm{d}p = \frac{a}{\lambda}(\mathrm{e}^{-\lambda P_b} - \mathrm{e}^{-\lambda}) \tag{4.2.2}$$

式中：R_{F_1} 为防洪护岸工程多年平均减灾效益；P_b 为防洪工程的防洪标准；a 和 λ 为待定参数。

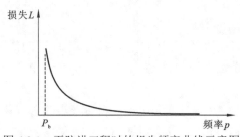

图 4.2.1　无防洪工程时的损失频率曲线示意图

（3）参数 a、λ 的拟定。在无防洪工程时，对防洪工程所在保护区展开历史洪水损失调查，确定洪水频率大小 P_0，计算实际洪灾损失 L_0，可通过最小二乘法或非线性规划方法拟定参数。至少需要两个点进行参数估计，即（L_0, P_0）和（L_1, P_1），若只有一个点，则可利用洪水小（频率大）、损失小的原则估计一个点，如用（0.01，0.8）表示当洪水频率为 0.8 时，洪灾损失会很小（0.01 万元）。如用最小二乘法拟定参数，可采用 Excel 表点绘频率损失坐标，用散点图拟定公式。例如，用非线性规划方法拟定参数，具体模型如下：

$$\begin{cases} \min = (f_1 - L_0)^2 + (f_2 - L_1)^2, \\ f_1 = a\exp(-\lambda P_0), \qquad a \geqslant 0, \lambda \geqslant 0 \\ f_2 = a\exp(-\lambda P_1), \end{cases} \qquad (4.2.3)$$

2）防洪护岸工程开发效益计算

防洪护岸工程的开发效益可用式（4.2.4）计算。

$$R_{F_2} = P_F \times S_F \qquad (4.2.4)$$

式中：R_{F_2} 为防洪护岸工程的开发效益；P_F 为土地价格；S_F 为增加的可开发的土地面积。

2. 防洪护岸及生态整治工程的生态环境效益计算方法

1）水土保持效益计算方法

（1）减淤效益。根据减淤效益的定义，可得

$$R_{JY} = I_{JY} \times W_S / rz = I_{JY}(M_1 - M_0) \times S_S / rz \qquad (4.2.5)$$

式中：R_{JY} 为减淤效益；W_S 为工程减少的水土流失量；S_S 为增加的水土保持面积，可通过资料查阅或现场勘察获得；M_1、M_0 分别为有无工程的土壤侵蚀模数，可查阅当地资料获得；rz 为河流泥沙容重，取 1.25 kg/m³（全国基建标准）；I_{JY} 为每清理 1 m³ 的泥沙需要的费用，元，表示减少水库淤积效益系数，按 2012 年交通运输部水运定额——水下清淤标准（定额号 1318），每清理 1 m³ 土壤的费用为 19.95 元。

（2）库岸稳定效益。岸线保护会减少水土流失，从而减小库岸滑坡的概率，库岸稳定效益是指岸线保护节约的岸线滑坡治理费用，可用式（4.2.6）计算：

$$R_{WD} = I_{WD} \times L_{HA} \qquad (4.2.6)$$

式中：R_{WD} 为库岸稳定效益；L_{HA} 为岸线长度；I_{WD} 为单位岸线长度滑坡治理费用。不同的岸线地质条件不同，有数据资料的岸线稳定效益可取历史滑坡治理费用的年平均值。无历史资料时，可采用三峡库区滑坡治理费用的平均值。

2）环境改善效益计算方法

（1）绿地固碳效益。采用碳税法计算三峡库区防洪护岸与生态整治工程绿地的固碳价值，具体公式如下：

$$R_{GT} = 0.272\,7 \times W_{CO_2} \times S_L \times C_{GT} \tag{4.2.7}$$

式中：R_{GT} 为绿地固碳效益，元；W_{CO_2} 为单位绿地面积吸收的 CO_2 的量，$t/(hm^2 \cdot a)$，据日本林业厅，每公顷树木每年净吸收 CO_2 16 t（王恩 等，2011）；0.272 7 为系数，即 CO_2 中碳的含量；S_L 为工程增加的绿地面积，hm^2，可通过资料查阅或现场勘察获得；C_{GT} 为碳税，元/t，国际上通常采用瑞典碳税率，为 150 美元/t。

（2）绿地制氧效益。采用工业制氧法或造林成本法计算三峡库区防洪护岸与生态整治工程绿地的制氧效益，具体公式如下：

$$R_{ZY} = W_{O_2} \times S_L \times C_{ZY} \tag{4.2.8}$$

式中：R_{ZY} 为绿地制氧效益，元；W_{O_2} 为单位绿地面积制氧量，$t/(hm^2 \cdot a)$，据日本林业厅，每公顷树木每年释放 O_2 12 t（王恩 等，2011）；C_{ZY} 为工业制氧成本或造林成本，元/t，我国工业制氧平均成本为 400 元/t，我国造林成本为 352.93 元/t（1990 年不变价格）（王恩 等，2011）。

（3）绿地吸收 SO_2 效益。采用式（4.2.9）计算三峡库区防洪护岸与生态整治工程绿地吸收 SO_2 的效益：

$$R_{SO_2} = W_{SO_2} \times S_L \times C_{SO_2} \tag{4.2.9}$$

式中：R_{SO_2} 为绿地吸收 SO_2 的效益，元；W_{SO_2} 为单位绿地面积吸收的 SO_2 的量，$t/(hm^2 \cdot a)$，可参考王恩等（2011）中采用的数据，为 0.140 $t/(hm^2 \cdot a)$；C_{SO_2} 为削减 SO_2 的平均治理成本，元/t，可参考王恩等（2011）中采用的数据，为 600 元/t。

（4）绿地滞尘降尘效益。采用式（4.2.10）计算三峡库区防洪护岸与生态整治工程绿地的滞尘降尘效益：

$$R_{ZCJC} = W_{ZCJC} \times S_L \times C_{ZCJC} \tag{4.2.10}$$

式中：R_{ZCJC} 为绿地滞尘降尘效益，元；W_{ZCJC} 为单位绿地面积滞尘降尘量，$t/(hm^2 \cdot a)$，可参考王恩等（2011）中采用的数据，为 10.9 $t/(hm^2 \cdot a)$；C_{ZCJC} 为削减尘土的平均治理成本，元/t，可参考王恩等（2011）中采用的数据，为 170 元/t。

（5）绿地气候调节效益。根据国内外研究，1 hm^2 绿地平均每天在夏季（典型的天气条件下）可以从环境中吸收 81.8 MJ 的热量，相当于 189 台空调全天工作的制冷效果。根据现有研究成果，绿地气候调节效益可用式（4.2.11）计算：

$$R_{QHDJ} = I_{QHDJ} \times S_L \tag{4.2.11}$$

式中：R_{QHDJ} 为绿地气候调节效益；I_{QHDJ} 为单位绿地面积的气候调节效益；王恩等（2011）计算出的杭州市西湖绿地的气候调节效益为 15.2 元/（$m^2 \cdot a$）。

（6）绿地其他效益。库区防洪护岸与生态整治工程的其他效益包括旅游增效、娱乐休闲活动增加、交通条件改善，此外，工程增加的绿地还能降低噪声、减少细菌传播、涵养水源等。这些效益难以具体计算，本书采用系数法近似估计这些效益，即

$$R_{QT} = 0.2(R_{GT} + R_{ZY} + R_{SO_2} + R_{ZCJC} + R_{QHDJ}) \tag{4.2.12}$$

环境改善总效益为

$$R_{S_2} = R_{GT} + R_{ZY} + R_{SO_2} + R_{ZCJC} + R_{QHDJ} + R_{QT} \tag{4.2.13}$$

生态环境总效益为

$$R_{ST} = R_{S_1} + R_{S_2} \tag{4.2.14}$$

3. 防洪护岸与生态整治工程岸线保护利用效益计算

在上述各种效益计算的基础上，利用式（4.2.15）～式（4.2.17）计算防洪护岸与生态整治工程岸线保护利用的效益。

$$E_{FH} = (R_{F_1} + R_{F_2}) / L_{FHST} \tag{4.2.15}$$

$$E_{ST} = R_{ST} / L_{FHST} \tag{4.2.16}$$

$$E_{FHST} = (R_{F_1} + R_{F_2} + R_{ST}) / L_{FHST} \tag{4.2.17}$$

式中：E_{FH}、E_{ST}、E_{FHST} 分别为单位保护岸线防洪效益、单位保护岸线生态效益和单位保护岸线防洪生态总效益；L_{FHST} 为防洪护岸与生态整治工程保护岸线长度。

4.3 跨江设施（大桥）岸线利用效益评价体系

4.3.1 三峡库区跨江大桥岸线利用基本情况

根据 2018 年三峡库区岸线利用项目的核查情况，库区内已建跨江大桥 69 座，其中库区重庆市段 56 座，库区湖北省段 13 座。跨江大桥利用岸线 26.24 km，占总利用岸线的 5.7%，其中，库区重庆市段跨江大桥利用岸线 22.79 km，占库区重庆市段利用岸线长度的 5.4%。三峡库区跨江大桥服务于库区内 26 个区县，服务库区人口 2 000 多万，对库区社会经济发展起着重要作用。

4.3.2 跨江大桥岸线利用效益内容与界定

1. 跨江大桥对区域经济贡献的作用机制

1）区域可达性的提高

区域可达性即区域中某一节点与其他交通节点联系的便利程度，这与交通基础设施建设状况密切相关（刘贤腾，2007）。跨江设施越多，网络化程度越高，相应的区域间可达性也就越高。可达性的提高可以缩短区域间的时间距离，从而产生显著的时空压缩效

应，扩大城市吸引范围。一般情况下，可达性的分布特征与经济分布特征一致，交通先行地区的经济发展水平较高（刘海隆 等，2008）。对于三峡库区而言，大量的跨江大桥可将库区内各区域紧密连接，使得库区交通网成为一个整体，从而带来了库区区域可达性的提升，强化了库区社会经济联系，为资源在库区内的有效配置提供了可能。

2）要素流动成本降低

古典经济模型认为要素流动和聚集是实现资源优化配置的途径。跨江大桥的建设可以有效地降低要素的流动成本，增加其流动范围，要素流动成本越低、范围越广，对经济增长的促进作用越强（任晓红和张宗益，2013）。跨江大桥对库区要素流动的影响具体体现在以下两点。第一，要素运输距离缩短。随着库区跨江大桥数量的增加，长江及其支流的交通阻隔被逐步打破，公路、铁路、水路、航空等共同组成一体化交通网络，可为交通运输提供更多更优的路径选择，直接缩短了要素的运输距离，从而降低了库区要素流动过程中的运输成本。第二，要素流动时间成本降低。跨江大桥将改善原有的过江方式，随着跨江大桥数量的增长，跨江通道间的可替代性增强，避免了绕路、拥堵等情况，减少了过江时间，使运输中的损耗得到有效控制。

2. 跨江大桥效益的内容

从波及过程与受益面角度来看，三峡库区跨江大桥的效益可分为建设阶段效益和运行阶段效益。

建设阶段效益主要体现在投资规模巨大的跨江大桥项目直接拉动的经济效益，项目消耗的生产资料，项目产生的利润、税金等附加值，以及随之而来的大量劳动力就业等。另外，项目投资还会通过乘数效应对国民经济产生连锁反应和推动作用，如带动水泥、钢铁等建筑行业的发展，产生大量劳动岗位，增加就业，带动消费等，从而产生产值效益、收入效益、就业效益和消费效益。

运行阶段的直接效益指大桥使用者所获得的效益，包括降低运输成本、缩短运输距离、节约运输时间。运行阶段的间接效益指跨江大桥的运行对区域社会经济发展的积极影响，如有利于拓展城市空间、促进产业聚集、形成规模经济（姚梦琪和许敏，2019），有利于开发大桥两岸沿线区域旅游资源，实现土地增值等。

3. 跨江大桥岸线效益界定

依据本书的研究目的——岸线资源保护利用对三峡库区经济、社会的贡献与影响评价，本书对三峡库区跨江大桥岸线资源利用效益的界定如下。

三峡库区跨江大桥岸线资源利用效益是指特定的岸线资源通过建造在其上面的跨江大桥在运行过程中产生的直接效益和间接效益，包括节约的运输成本、节约的时间成本等直接效益，以及通过拓展城市空间、优化产业布局、促进产业聚集、促进旅游开发、实现土地增值等间接活动而产生的社会经济效益。跨江大桥岸线效益的大小可用单位岸线长度上的效益定量描述。

4.3.3　跨江大桥岸线利用效益指标体系

根据 4.3.2 小节对跨江大桥岸线效益作用机制、内容的描述，以及效益界定，本书将跨江大桥岸线资源利用效益分为直接效益和间接效益，主要的指标构成如表 4.3.1 所示。

表 4.3.1　跨江大桥岸线资源利用效益指标

指标类型	具体指标
直接效益	时间成本节约
	运输成本节约
	运输距离缩短
	过江通行量增加
间接效益	城市空间拓展
	产业布局优化
	土地增值
	旅游收入增加
岸线利用效益	每千米岸线效益
	每千米岸线通行量

（1）时间成本节约。时间成本节约指由于过江时间的缩短而节约的过江乘客时间产生的社会价值，即节约过江乘客的时间机会成本。

（2）运输成本节约。运输成本节约指由于过江时间和距离的缩短而节约的过江车辆的过路费、燃油费、货物时间价值等物流成本。

（3）运输距离缩短。运输距离缩短是个显性指标，运输距离缩短不仅可以节约时间成本和运输成本，还可以加快区域间物资、人员、信息等的流动速度，从而产生社会经济效益。

（4）过江通行量增加。过江通道的增加会导致过江通行量的增加，同样可以增加区域间的物流、人流和信息流。

（5）城市空间拓展。对于经济较发达的城市，城市河流两岸跨江大桥的建设对城市空间拓展有显而易见的作用，这将有利于解决沿江岸线土地资源紧缺、土地资源成本高、缺乏发展空间等问题，从而对江河两岸经济产生诱增作用。

（6）产业布局优化。跨江大桥对区域整体产业发展定位与模式产生影响，如扩张原有产业规模，建设新的产业集聚区，促进产业转移与跨界联系（周素红 等，2021），影响产业定位、路径及发展模式选择，调整与整合产业布局结构和功能，促进合理的沿江产业发展带的形成。

（7）土地增值。跨江大桥的建成可以促成以跨江通道节点为圆心的周边区域的地价增值效应，对房价的升高产生区域性的影响，刺激房地产等相关产业的发展，改善区域投资环境等。

（8）旅游收入增加。多数跨江大桥具有独特的设计与外观，其本身就具有旅游价值，跨江大桥带来的旅游目的地的交通便捷性对旅游资源冷热变化、旅游线路延伸等的影响都可能促进区域旅游业的发展，并带动餐饮、购物等行业的发展。

4.3.4　跨江大桥岸线利用效益计算方法

依据跨江大桥岸线利用效益界定及跨江大桥对区域经济贡献的作用机制，本书基于跨江大桥可达性的改善来估计其直接效益，依据跨江大桥的诱导通行量来计算其间接效益。

1. 直接效益计算方法

1）跨江大桥与城市可达性改善

可达性指利用特定的交通系统从某一区位到达指定活动区位的便捷程度，也称通达性。跨江大桥的建设将显著改善江河两岸的可达性。描述可达性的最常用指标为加权平均旅行时间，方法上多采用基于地理信息系统（geographic information system，GIS）的网络分析方法，研究对象的范围一般较大。为方便计算，本书提出了一种基于导航系统的网络分析方法来计算跨江大桥对城市江河两岸可达性的影响。本书的研究对象设定为城市跨江大桥岸线。

2）具有跨江大桥的城市交通网络模型

本书提出如下假设：城市中有 N 座跨江大桥；左岸有 R 个交通区（街道、重要商业区等），K 个交通枢纽（机场、车站等），M 个交通要道出入口（高速公路出入口、国道出入口等）；右岸有 Q 个交通区，S 个交通枢纽，P 个交通要道出入口；各交通区、交通枢纽及交通要道出入口由主要街道、专用道路和跨江大桥互相连接；各交通区、交通枢纽及交通要道出入口之间的最短行驶时间可用市场上已有的导航系统获得。

这样具有跨江大桥的城市交通网络模型可以概化成如图 4.3.1 所示的网络结构。

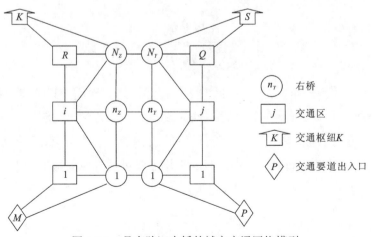

图 4.3.1　具有跨江大桥的城市交通网络模型

3）可达性的界定与定量描述

基于上述城市交通网络模型，本书提出了基于跨江大桥的城市交通可达性：基于城市跨江大桥的可达性是指江河左岸或右岸某交通区通过跨江大桥到达对岸各交通区最短行驶时间的平均值。

根据上述定义，左岸 i 区到达右岸的可达性为左岸 i 区到达右岸各交通区、各交通枢纽、各交通要道出入口的最短行驶时间的算术平均值，即

$$T_i^{(n)} = \sum_{j=1}^{J} t_{ij}^{(n)} / J + \sum_{p=1}^{P} t_{ip}^{(n)} / P + \sum_{s=1}^{S} t_{is}^{(n)} / S, \quad i = 1, 2, \cdots, I, I = R + M + K \tag{4.3.1}$$

式中：$T_i^{(n)}$ 为城市中有 n 座桥时，从 i 区通过跨江大桥到达对岸各区最短行驶时间的平均值，即 i 交通区的可达性，该数值越小，可达性越强；$t_{ij}^{(n)}$ 为城市中有 n 座桥时，从 i 区通过跨江大桥到达对岸 j 区的最短行驶时间，$t_{ij}^{(n)}$ 可通过市场上的导航系统（如高德导航系统、百度导航系统等）获得。

$I = R + M + K$ 表示城市左岸交通区个数，包括一般性交通区、重要交通枢纽及交通要道出入口等。同理，城市右岸 j 区到达左岸的可达性为右岸 j 区到达左岸各交通区、各交通枢纽、各交通要道出入口的最短行驶时间的算术平均值，即

$$T_j^{(n)} = \sum_{i=1}^{I} t_{ji} / I + \sum_{m=1}^{M} t_{jm} / M + \sum_{k=1}^{K} t_{jk} / K, \quad j = 1, 2, \cdots, J, J = Q + S + P \tag{4.3.2}$$

4）基于可达性的城市跨江大桥直接效益计算模型

（1）基本思想。跨江大桥的直接效益主要体现在过江乘客时间成本的节约及交通运输成本的节约上，而这两方面的效益是跨江大桥的逐一建设使得城市可达性逐步改善产生的。因此，跨江大桥直接效益计算的基本思想是有无对比法，即针对某新通车大桥，其直接效益是有该座桥与无该座桥对比，城市可达性改善所产生的时间成本节约和运输成本节约。

（2）城市交通可达性改善模型。

$$A_i^{(n)} = T_i^{(n-1)} - T_i^{(n)}, \quad i = 1, 2, \cdots, I + J \tag{4.3.3}$$

$$A^{(n)} = \frac{\sum_{i=1}^{I+J} w_i A_i^{(n)}}{\sum_{i=1}^{I+J} w_i (I+J)} \tag{4.3.4}$$

式中：$A_i^{(n)}$ 为新建第 n 座桥时，i 交通区的过江可达性的改善量，其中 $A_i^{(1)}$ 表示建第一座桥与没有建桥相比，i 交通区的过江可达性的改善量，可考虑与轮渡过江的可达性相比较；$A^{(n)}$ 为新建第 n 座桥时，平均过江可达性的改善量；w_i 为 i 交通区的平均过江车辆数量。当各交通区过江车辆数相差不大时，平均过江可达性可简写成如下形式：

$$A^{(n)} = \frac{\sum_{i=1}^{I+J} A_i^{(n)}}{I + J} \tag{4.3.5}$$

（3）时间成本节约模型。

$$R_T^{(n)} = c_T x_T W^{(n)} A^{(n)}$$

（4.3.6）

式中：$R_T^{(n)}$ 为新建第 n 座桥后，整个城市过江乘客节约的时间成本，为第 n 座桥产生的直接效益的一部分；c_T 为乘客时间成本，可采用当地每小时工资收入；x_T 为每辆过江车辆的乘客数；$W^{(n)}$ 为新建第 n 座桥后，整个城市所有跨江大桥上的过江车辆的通行量之和。

（4）运输成本节约模型。

$$R_H^{(n)} = c_H x_H W_H^{(n)} A^{(n)}$$

（4.3.7）

式中：$R_H^{(n)}$ 为新建第 n 座桥后，所有大桥过江货运节约的运输成本之和，为第 n 座桥产生的直接效益的另一部分；c_H 为物资时间价值，可取社会折现率；x_H 为每辆货运过江车辆的货运价值；$W_H^{(n)}$ 为新建第 n 座桥后，整个城市所有跨江大桥上的货运过江车辆的通行量之和。

（5）城市跨江大桥直接效益计算模型。

$$R_{N_1} = \sum_{n=1}^{N} [R_T^{(n)} + R_H^{(n)}] = \sum_{n=1}^{N} [c_T x_T W^{(n)} + c_H x_H W_H^{(n)}] A^{(n)}$$

（4.3.8）

式中：R_{N_1} 为一段时间内，N 座桥直接效益的总和。

2. 间接效益计算方法

按照本书定义，跨江大桥间接效益是指跨江大桥的建设所带来的城市空间扩展、产业布局优化、城市土地增值、旅游增效等效益，目前国内外还未见关于此方面的研究，因此本书将跨江大桥的间接效益取其直接效益的 20%进行计算，即

$$R_{N_2} = 0.2 R_{N_1}$$

（4.3.9）

式中：R_{N_2} 为一段时间内，N 座桥间接效益的总和。

3. 跨江大桥岸线效益计算模型

按照跨江大桥岸线效益的定义，其计算模型如下：

$$RQ = (R_{N_1} + R_{N_2}) / L$$

（4.3.10）

式中：RQ 为跨江大桥岸线效益，万元/（km·a）；L 为跨江大桥利用岸线长度之和。

第 5 章

三峡库区岸线资源保护
利用影响评价体系

　　影响评价的对象为港口岸线、防洪护岸与生态整治工程岸线及跨江大桥岸线，影响评价体系包括各类岸线资源保护利用影响评价指标体系及其影响评价实现方法。本章从经济、社会、自然与生态环境等方面，分别提出三峡库区港口岸线资源开发利用、防洪护岸与生态整治工程岸线保护和跨江大桥岸线利用的影响评价指标体系，提出影响评价的现场考察与问卷调查实现方法，依据各指标体系，分别设计相应的影响评价现场考察表及调查问卷。

5.1　影响评价指标体系的确定

5.1.1　港口岸线资源开发利用影响评价指标

1. 港口岸线影响的内容

结合已有的研究来看，对港口码头工程的影响评价主要包括经济发展影响、河流水势及行洪影响和环境影响。

（1）经济发展影响。港口作为区域对外联系的窗口，可以看作地区经济的门户，港口城市依托其优势发展临港工业，可以取得经济的快速增长（段学军 等，2019）。因此，经济发展影响是港口码头岸线工程的重要影响方面。港口的运输功能使得它在各行各业的要素供给上发挥着重要作用，间接地支持和促进了区域经济的整体发展。而它本身作为沿江地区的重要产业之一，就发挥着直接的经济效益。因此，总的来看，在港口码头行业对经济发展做出直接贡献的同时，港口物流的发展对调整经济产业布局、转变经济发展方式也发挥着重要的作用。

（2）河流水势及行洪影响。在河道内修建码头等涉水建筑物，势必会对河道水流的流态产生一定的影响。工程结构占用河道过水面积，挤压、约束水流，从而使得河水水位抬高，流速发生局部变化，进而对河道行洪造成影响。行洪影响最主要的体现便是壅水影响和流速影响。研究发现，壅水影响一般位于码头上游的局部范围，但是当码头群聚集并共同对水势造成影响时，壅水影响便不限于单个码头上游，而是整个河段的沿程水位均有所抬高；在流速方面，影响表现为在码头平台上、下游一定范围内流速的减小，以及码头平台前局部范围内流速的增大，若考虑码头群的共同作用，影响范围将明显增大。当河道足够宽阔时，码头对主流位置一般无明显影响。此外，码头对河道水势及行洪的影响还取决于其修建规模、构造形式及修建位置等因素，规模或结构不同，阻水作用也不相同，工程阻水率越大，不利影响就越大。

（3）环境影响。环境影响是港口码头类工程必须重视的一个方面，在环境问题越来越受到重视的今天，此类大型涉水工程可能给环境带来的危害不可忽视。港口码头因其繁重的货物运输工作，难免会对周边水域和陆地产生污染与威胁，对附近区域的生活环境造成负面影响。常见的污染类别有大气污染、水污染、固废污染、噪声污染等，大气污染主要来自散货装卸和堆存产生的扬尘，水污染的来源主要是船舶机舱含油污水和港区生活污水，固废污染指的是船舶和生活产生的垃圾，而噪声污染则来自港口设备产生的噪声，以及船舶行驶带来的噪声。这些污染都对周边环境产生着直接的或潜在的危害，如大气污染使空气中有害物质的浓度上升，导致空气质量下降，并危害到一定范围内居民的身体健康，可能引起呼吸系统疾病等；水污染会随着水流扩散到下游，引起大范围的水质恶化，影响水生生物的生存环境，甚至可能影响到居民用水的安全与健康；固废污染如粉煤渣等对环境各方面的危害也不言而喻；噪声污染造成居民生活质量的下降。

这些都说明了港口码头工程的环境影响范围之大，程度之深，因此它是此类工程需着重强调的影响方面之一。

2. 港口岸线影响界定

港口岸线的影响界定能有效帮助政府及环境保护决策人员针对岸线案例进行分析决策，设置合理的岸线资源开发利用方案。本书根据对三峡库区港口码头特性的实地调研与考察，结合本书目的和国内外研究文献，对港口岸线资源开发利用影响界定如下。

三峡库区港口岸线资源开发利用影响是指库区修建的港口码头工程对周围一定区域内环境条件的改变，以及借助其运输功能带动的相关产业的发展，进而为地区经济和社会所做出的贡献。据此，本书将影响划分为经济影响、社会影响和生态环境影响三个方面。

经济影响指库区港口产业带来的区域经济环境的变化，用于评价整个港口码头行业对地区的经济贡献，它以一定范围内的所有港口码头为对象进行整体的考量，如港口行业产值占地区生产总值的大小，以及行业发展导致的地区产业结构和布局的调整。

社会影响指港口码头岸线投入使用期间所发挥的运输作用和对社会劳动市场的贡献。它的考察对象既可以是单个港口码头，又可以是地区的整个港口行业。港口码头作为运输业的重要组成部分，在水运和陆运之间发挥着重要的桥梁作用，其货物运输量占整个运输业相当大的比重。另外，港口码头作为沿江地区不可或缺的产业之一，为社会提供了一定的就业岗位，对劳动力市场也产生着影响。

生态环境影响指港口码头工程建设后，其作业流程各环节的实施导致的附近生态系统的各方面的变化，以及港口工程建造本身所形成的现有环境状况。通常，港口码头对生态环境的影响都为负面的，一般体现在水质污染、生物多样性遭到破坏、空气质量和声环境变差等。此外，港口码头工程建设根据各自的施工情况，还会对岸线稳定造成不同程度的影响，因此施工建设过程也应包含在生态环境影响中。

3. 港口岸线资源开发利用影响评价指标体系

根据 1、2 部分对研究内容的讨论及影响的界定，本书对三峡库区港口岸线资源开发利用的影响评价建立如下指标体系，分别从经济影响、社会影响和生态环境影响三个方面来设立指标，如表 5.1.1 所示。

表 5.1.1　港口岸线资源开发利用影响评价指标体系

指标类型	具体指标
经济影响	港口经济占比
	产业结构调整
社会影响	货物吞吐量占比
	港口就业占比
	劳动贡献

续表

指标类型	具体指标
生态环境影响	行洪影响
	水生生物影响
	水环境影响
	大气环境影响
	声环境影响
	景观影响
	岸线稳定性影响

（1）港口经济占比。港口经济占比指地区港口产值占地区经济总产量的比重，它是衡量整个港口码头行业对地区经济贡献大小的具体指标。

（2）产业结构调整。港口的运营会带动周边相关产业的发展，如临港工业及港口运作配套服务等，这样一来，港口所在区域和周边地区的产业结构将会得到调整（林宝城和林琳，2019）。

（3）货物吞吐量占比。货物吞吐量占比指通过库区港口码头所进行的货物装卸量，占整个运输行业货物运输总量的比值。

（4）港口就业占比。港口就业占比指库区港口码头就业人数占地区总就业人数的百分比，它反映港口码头建设对地区就业的贡献和影响。

（5）劳动贡献。劳动贡献指港口产业在社会劳动层面所做的贡献，这里用单位产值来表示劳动的贡献。

（6）行洪影响。行洪影响指码头工程建设对附近区域水流状态的改变，主要包括工程壅水影响、流速变化、行洪面积侵占（李洪奇 等，2020），以及行洪河宽侵占率等。

（7）水生生物影响。水生生物影响指港口建设对港口水域水生生物水环境的影响，例如船舶及其有关活动水域污染、水域环境变化等。

（8）水环境影响。港口码头工程建设常常伴随着水环境的污染，货船的行驶与停靠、货物的泄漏，以及港区生活垃圾等都会对水质造成不好的影响，并且污染通常与货物的种类、港口污染管理设施的完善程度有关，对于不同的货种来说，散货类码头的污染程度较大（徐文文 等，2018）。

（9）大气环境影响。大气环境影响指交通运输中的货船和汽车尾气对空气质量造成的不良影响，如空气中漂浮的灰尘、污染物等。

（10）声环境影响。声环境影响指港口码头货物运输和装卸带来的对附近区域声环境的影响，如船舶鸣笛的声音、货车行驶的声音等。

（11）景观影响。港口码头对岸线的占用会对沿线整体景观产生较大的影响，这种影响既包括自然景观，又包括人文景观，码头与周围环境的协调度决定着景观效果。

（12）岸线稳定性影响。对于港口码头这类大型涉水工程，其结构形式和具体施工措施都对岸线稳定性造成一定的影响，如直立式码头和斜坡式码头对岸线的不同处理方式、非停泊区岸堤加固措施是否到位,这些都影响着岸线的稳定。

5.1.2 防洪护岸与生态整治工程岸线保护影响评价指标

1. 防洪护岸与生态整治工程岸线保护影响评价内容

防洪护岸与生态整治工程岸线保护影响主要体现在生态环境影响与社会影响方面,有直接影响,也有间接影响。直接影响包括生态的改善、景观的变化及岸堤的稳固,间接影响则是在此基础上对社会经济层面的贡献,如区域经济发展、城市居民生活质量和水平的提高等。有研究认为,工程区域内的整个水生、陆生生态,工程相关的群体及涉及的公众,都应包含在工程影响的范围内(李曦和甄黎,2015)。

生态环境方面的影响较为直接也较为广泛,涵盖水、陆、空三个方面。首先,防洪护岸与生态整治工程可使水质得到改善,污染浓度降低,水生生态系统的物种丰富度和密度得到提高,进而促进生态系统的物质循环和能量流动(魏冉 等,2015)。在陆地上,防洪护岸与生态整治工程建设对岸堤稳定产生着一定影响,这种影响与工程的建设方法和形式有关;另外,生态整治工程必然使陆生植被和动物的数量与分布发生改变,进而影响区域内的景观格局与景观质量。空气方面,由于工程对岸线的改造,在污染源减少的同时,绿化的建设也使环境的净化能力得到提升,对一定范围内的空气质量产生正面影响。

除了对生态环境的直接影响外,工程建设最终是为人和社会的发展而服务的,因此其间接影响不可忽视。防洪护岸工程建成后,城市受到的洪水威胁基本消除,两岸的人口和财产安全得到保障,农田、草地免于被冲毁,这对人们的生产和生活都起到了支撑与保障作用。与防洪护岸工程配套进行的城市岸线整治,或者单独进行的生态整治工程,在改善局部环境的同时,也对与其有联系的区域产生着影响。它会使周边的土地利用情况发生变化,基础设施建设和商业开发随之而来,给人们的居住和出行带来影响。

整体上来看,城市防洪护岸与生态整治工程的影响通常为正面的,它对人们的生产生活发挥着积极作用。但同时,消极影响依然会存在,如堤坝建设可能对原有河滩和灌区林木造成破坏,从而导致生态环境的改变。无论是为稳定河道边界而修建的护岸工程,还是为保护滩地而修建的护滩工程,都会改变原有边界的物理性状,破坏原有的生境条件,对河流的生态完整性造成不好的影响。例如,河床的硬化处理会阻断原有河流水体与河床土体的联系,大大削弱生态系统的能量流通作用,且整治工程的占地类型主要是草地,也会使河流区域的植被生态和景观质量受到影响(丁艳,2019;陈云飞 等,2015)。同时,防洪护岸与生态整治工程也会对河流生态环境中的水生生物资源产生影响,威胁流域内生物的数量和种类,破坏整个河流的生态系统(徐静波,2018)。因此,对此类工程的影响评价,还需要结合各工程的具体情况进行具体分析。

2. 防洪护岸与生态整治工程岸线保护影响界定

本书中的三峡库区岸线防洪护岸与生态整治工程,属于城市防洪和河流沿岸生态整治，结合其特点与本书的目的，对其岸线保护影响界定如下。

防洪护岸与生态整治工程岸线保护影响指工程建设后，附近区域生态系统状态发生的改变，以及在此基础上产生的社会和经济层面上的效应。因此，仍从以下两个方面进行考虑。

生态环境影响指工程建造后对周边水域和陆地环境的改变，包括水环境、声环境、大气环境，以及周围植被和景观格局的变化。对于防洪护岸与生态整治工程来说，生态环境是最直接也是最主要的影响方面，其他影响大多由此延伸而来。

社会环境影响指防洪护岸与生态整治工程的建设带来的对人们社会生活环境各方面的影响，如岸线整治会改善沿岸道路和交通条件，改善沿岸商业环境和居住环境，增加当地居民休闲娱乐的活动场地，提升城市整体形象等。

3. 防洪护岸与生态整治工程岸线保护影响评价指标体系

根据对影响评价内容的思考，以及本书对影响的界定，为三峡库区防洪护岸与生态整治工程建立岸线保护影响评价指标体系，如表 5.1.2 所示。

表 5.1.2　防洪护岸与生态整治工程岸线保护影响评价指标体系

指标类型	具体指标	备注
生态环境影响	生物多样性变化	动植物数量
	水质指数变化	
	空气质量变化	
	景观质量变化	
	岸线稳定性影响	
社会环境影响	商业与居住环境变化	城市空间扩展
	附近休闲娱乐活动变化	
	当地精神文明水平变化	文明行为变化
	交通条件变化	
	沿岸土地利用变化	
	沿岸资产价值变化	
	旅游增效	

（1）生物多样性变化。生物多样性变化指工程建设后，包括陆生生物、水生生物在内的区域生物数量和种类的变化。若物种丰富度和密度均得到了提高，则对生态系统物质循环和能量流动将起到促进作用（魏冉 等，2015）。

（2）水质指数变化。水质指数变化指影响区域内水体质量的变化情况，如水质清澈程度是否得到改善，水体各元素含量如何变化等。

（3）空气质量变化。防洪护岸与生态整治工程通常含有大量的绿化建设，这些植被能够起到吸附空气中污染物与尘埃的作用，因此附近的空气质量可以得到改善。

（4）景观质量变化。护岸、护坡与生态整治工程的建设通常会将景观性考虑在内，景观质量指的是工程建设本身的景观作用，以及与周围环境的整体协调性和观赏性。

（5）岸线稳定性影响。防洪护岸与生态整治工程建设会对岸线进行工程性改造，如河床硬化等，因此土地类型可能发生变化，这种变化将导致岸线稳定性的改变。

（6）商业与居住环境变化。防洪护岸与生态整治工程配套建设的绿化及公共设施，改善了周边景观和环境，改良了营商环境，方便且优化了人们的居住和生活，是一种较为主观的感受和评判。

（7）附近休闲娱乐活动变化。由于防洪护岸与生态整治工程带有的景观功能，它为市民的休闲娱乐活动也提供了场所，娱乐设施和前来活动的市民都会增多，这些都属于休闲娱乐情况的变化。

（8）当地精神文明水平变化。随着工程建设对城市环境和城市形象的提高，当地居民在潜移默化中会提升文明程度，是工程的一种潜在影响。

（9）交通条件变化。岸线工程的修建会对沿江交通状况产生一些影响，如道路的修整、交通设施的配套建设等，会使一定范围内的交通条件发生变化。

（10）沿岸土地利用变化。沿岸土地利用变化指工程建设带来的沿岸土地利用结构和布局的变化，如绿化用地、商业楼盘等的用地情况。

（11）沿岸资产价值变化。防洪护岸与生态整治工程对周边环境各方面的改善对沿岸地价产生增值效应，刺激房地产业的投资，影响一定区域内商业地产经济的发展。

（12）旅游增效。旅游增效指的是工程的生态景观及娱乐休闲功能所带来的对当地旅游业发展的促进作用，如形成自然景区、吸引游客的参观和消费等。

5.1.3　跨江大桥岸线资源开发利用影响评价指标

1. 跨江大桥岸线利用影响评价内容

在当今时代，跨江大桥是任何一个沿江城市发展所必须依托的基础设施之一，它打破了两岸的分隔状态，保证了区域的流通性，对城市乃至更大范围的交通大格局有着深远的影响（段学军 等，2019）。综合已有研究来看，各学者对跨江大桥的影响评价主要围绕着交通可达性、土地开发利用和经济社会发展几个方面。

（1）交通可达性。可达性指利用特定的交通系统从某一区位到达指定活动区位的便捷程度，也称通达性（蒋海兵和徐建刚，2010），跨江设施建设最直接的影响便是可达性的变化，通常采用加权平均旅行时间、成本加权距离、等时通达范围等指标来衡量。

无论是过江通道还是跨江大桥，都是连通两岸的基础设施，与未修建时只能依靠水路来进行人员、货物的运输相比，工程建设使得陆路运输能够跨江实现，提高了要素的流通速度，也方便了人们的日常生活和外出。每个地区的现实情况不同，跨江设施的影响范围和影响程度也有所不同，因此要结合具体条件进行具体分析。

（2）土地开发利用。大桥建设连通两岸，势必会对两岸附近的城区发展带来影响，而发展必将伴随着土地的重新开发和利用。在短期内，大桥建设对交通用地影响较大，因为一种交通设施的建设会使人们的出行方式发生改变，促使大桥与两端的公路、铁路、轨道交通等配套建设；而从长期来看，城市跨越式增长加速了沿江工业用地及娱乐生态用地的建设，对区域内的整个景观格局产生着影响（茅天颖，2018）。

（3）经济社会发展。跨江桥梁是实现跨江发展的关键一步，因为跨江建桥保证了区域交通的畅通，密切了区域间的经济联系，促进了城市交通地位的提高、人口规模的扩大和经济的发展。桥梁建成后，可达性的提高促使工厂、人口和资金向路桥沿线地带聚集，要素流动规模和频率的提高促进了贸易活动的聚集与扩散，进而影响整个城市的产业布局和经济发展水平（姚梦琪和徐敏，2019）。

2. 跨江大桥岸线资源开发利用影响界定

根据本书的目的——评价三峡库区跨江设施工程岸线资源利用的影响，结合本书工程的特点，对影响界定如下。

跨江大桥岸线资源开发利用影响是指某特定岸线及建造在其上的跨江大桥在投入使用后对地区发展的带动效应，以及开发利用岸线与跨江大桥本身对区域环境的改变。地区发展包括经济发展和社会发展，从影响评价的角度主要讨论社会发展，因此将三峡库区跨江大桥岸线资源开发利用的影响分为以下两类。

（1）社会影响。社会影响指跨江大桥在运行一定时期后，引起的周围社会经济环境的改变。其中，最直接的体现便是交通状况的改善，区域可达性的提高，沿岸土地的增值及要素的流动和重置，产业布局与结构的变化等；在此基础上，城市用地进一步扩张，人员产生规模性流动，使得沿岸土地利用格局和人口数量发生变化。

（2）环境影响。环境影响指已开发利用岸线本身及建造在其上的跨江大桥在运行过程中往来通行车辆对岸线所在区域的水、陆、声、空环境的改变，是岸线及跨江大桥直接涉及范围内的环境的变化。例如，岸线利用与桥梁建设对水流态势和堤岸条件产生影响，并与周围环境相结合形成新的景观格局，同时，大桥上来往的车辆带来小范围内的通行噪声和尾气污染。

3. 跨江设施岸线利用影响指标体系

通过 1、2 部分对跨江大桥岸线资源开发利用影响评价内容的分析，以及本书对跨江大桥岸线资源开发利用影响的界定，建立如下影响评价指标体系，从社会影响和环境影响两个方面来确立指标，如表 5.1.3 所示。

表 5.1.3　跨江大桥岸线资源开发利用影响评价指标体系

指标类型	具体指标
社会影响	产业布局变化
	附近资产价值变化
	交通条件变化
	城市扩张
	沿岸区域人口变化
环境影响	行洪影响
	空气影响
	噪声影响
	生态景观格局变化

（1）产业布局变化。两岸可达性的变化促使要素的流动性增强，劳动、资本、技术、人才、管理等生产要素的跨江流动促进产业格局的调整和优化，形成新的产业布局。

（2）附近资产价值变化。附近资产价值变化指由可达性的提高导致的附近沿江区域区位优势的提升，进而刺激地产等商业投资，提高区域整体资产价值。

（3）交通条件变化。这是大桥建设最为直接也最为明显的影响之一，它打破了河流对两岸交通的阻隔状态，增加了城市通行量与通行速度，且促进了与之相连的其他基础设施的建设，改变了整个城市的交通状况。

（4）城市扩张。城市扩张指一些地区在跨江大桥等交通设施的牵引作用下，增加新的建设用地的开发利用，使城市规模迅速扩展，这种扩展通常在城市化地块边缘及交通轴线两侧区域进行。

（5）沿岸区域人口变化。跨江大桥的建设改善了区域可达性，促进了两岸人口流动，人口向沿岸的新开发区平滑迁移，缓解了老城区的人口压力，带动了沿线区域的人口增长。

（6）行洪影响。行洪影响指桥梁或桥梁群建设对河道的侵占，导致了河流水位的抬高、流速的特征变化等。

（7）空气影响。空气影响指大桥周围由车辆通行导致的空气环境的改变，这种变化一半来自汽车的尾气排放。

（8）噪声影响。大桥的通车带来了各种类型车辆的流动和汇聚，会对桥梁附近的生活区产生不同程度的噪声影响，它是工程的一种负面影响。

（9）生态景观格局变化。生态景观格局变化指的是大桥建设对附近区域整体景观的改变，大桥的观赏性、区域用地类型、景观数量与分布的变化，以及景观整体协调性的改变，都是影响的体现。

5.2 影响评价实现方法

影响通常是一种更为宏观和更为深远层面上的作用，相比于效益，影响更偏向于一种定性的概念，常常因范围较大、较为模糊而难以进行具体、确切的量化计算，因此，本次影响评价需借助问卷调查，并结合实地考察记录，以及从各部门收集到的数据进行分析，从而得到影响的结果。

5.2.1 现场考察

现场考察指参与研究的团队亲自前往工程现场及周边进行观察，是一种调用感官进行判断和分析的方法，具有主观性。

1. 港口岸线资源开发利用影响

根据 5.1.1 小节关于港口岸线资源开发利用影响评价指标相关内容，实地考察重点关注的是环境影响方面的内容，包括：港口类型、泊位数量、泊位吨级、占用岸线长度、码头结构形式、岸线稳定性影响、行洪影响、声环境影响、水环境影响、大气环境影响、自然环境影响。具体工作包括拍照和填写现场考察表，然后根据现场图片与考察内容做出综合评估。现场考察表设计如表 5.2.1 所示。

表 5.2.1 港口岸线资源开发利用影响评价现场考察表

影响评价指标		现场考察与评估说明
港口类型		集装箱、件杂、滚装、各类混合
泊位数量/个		规模
泊位吨级/t		规模
占用岸线长度/m		规模
码头结构形式		直立式、斜坡式、直立+斜坡式
岸线稳定性影响	护岸材料	自然岸坡、钢筋混凝土
	稳定性评价	根据岸坡形式、护岸材料、岸线所在地的自然条件进行评估
行洪影响	最大水位壅高/cm	可查洪评报告
	行洪影响评价	根据岸线位置、结构形式、江面宽度等评估行洪影响
声环境影响	与最近居民区的距离/m	首先考察附近有无居民区，若有，则可根据手机地图估计与居民区的距离
	居民区最大噪声/dB	在居民区用专业噪声仪或手机软件测量港口运行噪声或运输车辆通行噪声
	码头附近最大噪声/dB	在港口附近用专业噪声仪或手机软件测量港口运行噪声
	声环境负面影响评价	对港口岸线附近是否有居民区和在有居民区情况下噪声的大小进行评估
水环境影响	与最近取水口的距离/m	查环评报告或调研表等有关材料
	河流水质负面影响评价	根据港口类型（散货码头影响较大）、管理水平、现场观察等做出评估

影响评价指标		现场考察与评估说明
大气环境影响	颗粒物产生的可能性	根据港口类型、运输车辆情况进行评估
	空气质量负面影响评价	根据港口类型、运输车量数量、管理水平、现场观察等进行评估
自然环境影响	与风景区的距离/m	用手机地图估计
	与人文景观（城区）的距离/m	用手机地图估计
	是否在市区	是或者否
	与周围环境的协调度	根据岸线位置、设备先进性及其布局、周围城市环境或自然环境进行评估

2. 防洪护岸与生态整治工程岸线保护影响

根据 5.1.2 小节关于防洪护岸与生态整治工程岸线保护影响评价指标相关内容，实地考察重点关注的是环境影响和社会影响方面的内容，包括：岸线类型、工程结构形式、岸线稳定性影响、大气环境与水环境影响、景观及其与环境的协调度、社会环境影响。具体工作包括拍照和填写现场考察表，然后根据现场图片与考察内容做出综合评估。防洪护岸与生态整治工程岸线保护影响评价现场考察表设计如表 5.2.2 所示。

表 5.2.2　防洪护岸与生态整治工程岸线保护影响评价现场考察表

影响评价指标		现场考察与评估说明
岸线类型		防洪护岸工程岸线或生态整治工程岸线
工程结构形式		直立式、斜坡式或混合式
岸线稳定性影响	护岸材料	混凝土、钢筋混凝土或混合材料
	稳定性评价	根据护岸形式、护岸材料及现场观察进行综合评估
大气环境与水环境影响	护岸材料形式	植生型或非植生型
	岸坡植物数量	现场观察评估
	空气质量现场观察	参考护岸材料和植被情况现场观察评估
	空气质量影响评价	参考护岸材料和植被情况现场观察评估
	水质质量观察	现场观察评估
	河流水质影响评价	参考护岸工程质量、护岸材料、植被情况进行综合评估
景观及其与环境的协调度	景观质量观察	现场观察评估
	与周围自然环境的协调情况	现场观察评估
	与人文景观的协调情况	现场观察评估
社会环境影响	交通条件影响	现场观察评估
	绿道条件	现场观察评估
	观景设施	现场观察评估
	亲水性	现场观察评估
	适宜休闲时间、休闲人数	现场观察评估

3. 跨江大桥岸线资源开发利用影响

根据跨江大桥岸线资源开发利用影响评价的内容与指标，实地考察重点关注的是环境影响方面的内容，包括：大桥结构形式、桥梁长度、占用岸线长度、岸线稳定性影响、行洪影响、声环境影响、大气环境影响、自然环境影响、社会影响。跨江大桥岸线开发利用影响评价现场考察表设计如表 5.2.3 所示。

表 5.2.3　跨江大桥岸线资源开发利用影响评价现场考察表

影响评价指标		现场考察与评估说明
大桥结构形式		斜拉桥、拱桥等
桥梁长度/m		规模
占用岸线长度/m		规模
岸线稳定性影响	护岸材料	自然岸坡、钢筋混凝土等
	稳定性评价	根据岸线地质条件、岸坡形式、护岸材料等进行评估
行洪影响	桥墩侵占行洪面积	根据大桥结构形式、桥墩大小等进行估计
	行洪影响评价	根据大桥结构形式、桥墩大小、江面宽度进行综合评估
声环境影响	与最近居民区的距离/m	用手机地图估计
	居民区最大噪声/dB	在居民区用专业仪器或手机软件测量
	大桥附近最大噪声/dB	用专业仪器或手机软件测量
	声环境影响评价	根据与居民区的距离、噪声大小及现场观察进行综合评估
大气环境影响	颗粒物产生的可能性	根据通行车辆的类型进行评估
	空气质量影响评价	根据与居民区的距离、通行车辆类型多少进行综合评估
自然环境影响	自身美观性	综合多人观点现场主观评估
	与周围环境的协调度	综合多人观点现场主观评估
社会影响	城市发展影响	综合多人观点现场主观评估
	主要交通功能	城市道路、国道、高速公路、国道+城市交通等

5.2.2　问卷调查

1. 调查对象

三峡库区相当大一部分港口岸线和跨江大桥岸线，以及大多数防洪护岸与生态整治工程岸线位于城镇附近，甚至位于城镇中心区域，这些岸线的保护利用最直接的影响对象主要是位于其附近的当地居民。因此，问卷调查的对象应该是居住在岸线附近的居民。

2. 问卷设计

问卷设计的依据是各类岸线资源保护利用的指标体系。为了通过问卷调查的方法获得尽可能多且尽可能完备的信息，在设计调查问卷的问题时，既要关注当前的环境状态，又要考虑工程建设前后环境的变化情况。表 5.2.4 为三峡库区岸线资源保护利用影响评价调查问卷设计路径。

表 5.2.4　三峡库区岸线资源保护利用影响评价调查问卷设计路径

评价指标		问题设计	选项	适评岸线类型
生态与自然环境影响	生态影响	当前岸线附近鱼类、鸟类等动物数量	很多、较多、一般、较少、很少	港口、防洪护岸与生态整治工程、跨江大桥
		岸线资源保护利用后鱼类、鸟类等动物数量的变化	明显增加、略增加、没有变化、略减少、明显减少	港口、防洪护岸与生态整治工程、跨江大桥
		当前岸线附近草地、芦苇等植物数量	很多、较多、一般、较少、很少	港口、防洪护岸与生态整治工程、跨江大桥
		岸线资源保护利用后草地、芦苇等植物数量的变化	明显增加、略增加、没有变化、略减少、明显减少	港口、防洪护岸与生态整治工程、跨江大桥
	水环境影响	当前岸线附近河流水质质量如何	很好、较好、一般、较差、很差	港口、防洪护岸与生态整治工程
		岸线资源保护利用后河流水质质量的变化	明显改善、略改善、没有变化、略变差、明显变差	港口、防洪护岸与生态整治工程
	大气环境影响	当前岸线附近空气质量如何	很好、较好、一般、较差、很差	港口、防洪护岸与生态整治工程、跨江大桥
		岸线资源保护利用后空气质量的变化	明显改善、略改善、没有变化、略变差、明显变差	港口、防洪护岸与生态整治工程、跨江大桥
	声环境影响	当前岸线附近的噪声大小	很大、较大、一般、较小、很小	港口、跨江大桥
		岸线资源保护利用后噪声大小的变化	明显增大、略增大、没有变化、略减小、明显减小	港口、跨江大桥
	岸线稳定性影响	当前岸线附近河势稳定性如何	很稳定、较稳定、一般、较不稳定、不稳定	港口、防洪护岸与生态整治工程、跨江大桥
		岸线资源保护利用后河势稳定性的变化	明显改善、略改善、没有变化、略变差、明显变差	港口、防洪护岸与生态整治工程、跨江大桥

评价指标		问题设计	选项	适评岸线类型
社会环境影响	自然景观影响	当前岸线附近自然景观如何	很好、较好、一般、较差、很差	港口、防洪护岸与生态整治工程、跨江大桥
		岸线资源保护利用后自然景观的变化	明显改善、略改善、没有变化、略变差、明显变差	港口、防洪护岸与生态整治工程、跨江大桥
	人文景观影响	岸线资源保护利用对当地历史建筑（古迹）的影响	很协调、较协调、一般、不协调、很不协调	港口、防洪护岸与生态整治工程、跨江大桥
	交通条件影响	当前岸线附近交通条件如何	很好、较好、一般、较差、很差	港口、防洪护岸与生态整治工程、跨江大桥
		岸线资源保护利用后交通条件的变化	明显改善、略改善、没有变化、略变差、明显变差	港口、防洪护岸与生态整治工程、跨江大桥
	休闲娱乐活动影响	当前岸线附近休闲娱乐活动的人数	很多、较多、一般、较少、很少	防洪护岸与生态整治工程
		岸线资源保护利用后休闲娱乐活动人数的变化	明显增加、略增加、没有变化、略减少、明显减少	防洪护岸与生态整治工程
	文明行为影响	岸线保护对当地居民不乱丢垃圾、不随地吐痰等文明行为的影响	明显改善、略改善、没有变化、略变差、明显变差	防洪护岸与生态整治工程
	旅游业影响	当前岸线附近外地游客数量如何	很多、较多、一般、较少、很少	防洪护岸与生态整治工程、跨江大桥
		岸线资源保护利用后旅游人数的变化	明显增加、略增加、没有变化、略减少、明显减少	防洪护岸与生态整治工程、跨江大桥
	资产价格影响	相对于本市其他区域，当前岸线附近资产价格（房价、地产价）如何	很高、较高、一般、较低、很低	防洪护岸与生态整治工程、跨江大桥
		岸线资源保护利用后资产价格的变化	明显上涨、略上涨、没有变化、略下降、明显下降	防洪护岸与生态整治工程、跨江大桥
	城市发展影响	岸线资源保护利用后岸线附近城市发展的变化	明显加快、略加快、没有变化、略变慢、明显变慢	防洪护岸与生态整治工程、跨江大桥
满意度		您对港口岸线资源开发利用的总体感觉如何	很满意、较满意、一般、不太满意、很不满意	港口、防洪护岸与生态整治工程、跨江大桥

3. 问卷调查方法

（1）为实现调查信息的代表性，典型岸线的选择要满足地区分布和岸线类型分布的均匀性要求。

（2）为保证调查信息的准确性，问卷调查以一对一访谈的形式进行为最佳。具体操作流程为，调查人员深入典型岸线实地，随机采访附近居民，在确认被访人员比较熟悉或者很了解岸线保护和开发利用历史的情况下，再进行具体问题的访谈。

（3）为实现调查信息的有效性，需要一定的样本数量。

5.2.3　统计资料分析

库区岸线资源保护利用所产生的某些影响，特别是社会经济方面的影响，也可以通过收集政府统计数据进行分析评价。

对于港口岸线资源开发利用影响来说，港口经济占比、产业结构调整、货物吞吐量占比、港口就业占比与劳动贡献等社会经济影响指标可通过统计年鉴中某些数据的变化来量化。

对于防洪护岸与生态整治工程岸线保护影响和跨江大桥岸线资源开发利用影响来说，城市区域扩张、人口变化等也可以通过某些统计资料反映。

库区某些生态环境数据，如大气环境数据、水环境数据和声环境数据，可从政府环保部门的年报中获得，但这些生态环境数据的变化是工业、农业、居民生活等多方面综合影响的结果，某些定点区域的生态环境数据也能间接地反映库区岸线资源保护利用对大气环境、水环境、声环境的影响。

第 6 章

三峡库区港口岸线资源利用合理性评价体系

  综合 3.3 节三峡库区岸线管理现存问题分析可知，三峡库区岸线资源保护利用主要存在四个方面的问题：①生态敏感区岸线保护与利用矛盾突出；②部分岸线利用项目给防洪安全和供水安全带来一定影响；③局部地区岸线开发利用程度高，岸线资源相对紧缺的矛盾日渐凸显；④局部江段岸线利用效率低，岸线利用集约化水平亟待提高。

  对于库区某一个具体已开发利用与保护的岸线，或者某个区域的岸线资源保护利用情况来说，是否存在上述这些问题，如果存在这些问题，是单个问题还是多个问题，严重程度如何，对这些疑问的回答就是库区岸线资源保护利用的合理性评价。

  上述这些问题对于港口岸线的开发利用来说是广泛存在的，但对于防洪护岸与生态整治工程来说，岸线的保护对库岸稳定、生态环境改善、自然与人文景观改善、社会环境改善等是有积极作用的。此外，对于跨江设施而言，其合理性主要由交通需求决定。因此，本书所讨论的合理性针对的是港口岸线资源开发利用。

  本章从生态环境满足性、社会经济发展需求满足性与自然条件适宜性三个方面提出单一港口岸线资源开发利用合理性评价指标体系，并研究相应的赋值依据和取值标准，建立相应的评价模型。从对比分析的角度，提出区域港口岸线资源开发利用的合理性评价指标体系，介绍数据包络分析（data envelopment analysis，DEA）模型及其对库区内外区域港口岸线利用的相对有效性评价的适用性，并对相应的投入产出指标进行探讨。

6.1 单一港口岸线资源开发利用合理性评价

6.1.1 合理性评价的含义

单一港口岸线资源开发利用的合理性评价是指某具体港口因占用库区岸线资源而对生态环境约束的满足性、对社会经济发展需求的匹配性，以及对自然条件的适宜性等多个方面的综合评价。

（1）港口岸线资源开发利用对生态环境约束的满足性。港口岸线资源开发利用会对周围自然景观、空气、水质、水生生物等自然环境，以及周围居民、人文景观等社会环境产生较大的影响。因此，港口岸线资源开发利用应尽可能地满足用水安全、自然与人文保护、水产种植安全等方面的约束，满足性越高，合理性越强。

（2）港口岸线资源开发利用对社会经济发展需求的匹配性。港口岸线资源开发利用对社会经济发展需求的匹配性指占用库区岸线的港口码头的规模、类型等是否符合当地社会经济发展的需求。港口占用单位岸线资源所产生的效果，包括单位岸线货物吞吐量、单位岸线产值等。

（3）港口岸线资源开发利用对自然条件的适宜性。港口岸线资源开发利用对自然条件的适宜性指港口所占用岸线的适港性（包括水深条件、陆域宽度、河势稳定性及交通便利性等），是否存在深水浅用、多占少用等问题。

6.1.2 合理性评价的指标体系

根据 6.1.1 小节界定，本书提出了库区单一港口岸线资源开发利用合理性评价指标体系，如表 6.1.1 所示。

表 6.1.1 单一港口岸线资源开发利用合理性评价指标体系

指标	子指标
生态环境约束满足性	水环境容量限制满足性
	大气环境限制满足性
	水生生物环境限制满足性
	自然景观改善满足程度
	人文景观限制满足性
社会经济发展需求匹配性	岸线利用与区域规划的匹配性
	岸线利用与行业规划的匹配性
	每千米岸线货物吞吐量

续表

指标	子指标
自然条件适宜性	岸前水深
	岸前水面宽度
	河势稳定
	后方陆域宽度
	交通便利性

6.1.3　指标赋值

（1）生态环境约束满足性指标赋值依据。由表 6.1.1 中生态环境约束满足性指标的内容可知，本书的生态环境约束满足性指标与《长江流域综合规划（2012—2030 年）》中关于长江流域岸线资源开发利用与保护的区域划分高度契合。

考虑河道自然条件、岸线资源现状及开发利用和保护要求，《长江流域综合规划（2012—2030 年）》将岸线划分为岸线保护区、保留区、控制利用区和开发利用区四类。

岸线保护区是指岸线资源开发利用可能对防洪安全、河势稳定、供水安全、生态环境、重要枢纽工程安全等有明显不利影响的岸段。

岸线保留区是指暂不具备开发利用条件，或有生态环境保护要求，或为满足生活、生态岸线开发需要，或暂无开发利用需求的岸段。

岸线控制利用区是指岸线开发利用程度较高，或者开发利用对防洪安全、河势稳定、供水安全、生态环境可能造成一定影响，需要控制其开发利用强度或开发利用方式的岸段。

岸线资源开发利用区是指河势基本稳定、岸线利用条件较好，岸线开发利用对防洪安全、河势稳定、供水安全及生态环境影响较小的岸段。

岸线功能区的划分统筹协调生态环境保护、经济社会发展、防洪、河势、供水、航运等方面的要求，科学划定岸线功能分区，严格分区管理和用途管制，加强了对自然保护区、风景名胜区、重要湿地、水产种质资源保护区等生态敏感区的保护。这些考虑与本书中生态环境约束满足性指标高度一致，因此本书认为，当港口岸线位于开发利用区时，其生态环境约束满足性等于 1，当港口岸线位于保护区时，其生态环境约束满足性等于 0，当港口岸线位于控制利用区和保留区时，其生态环境约束满足性分别等于 0.75 和 0.5。

（2）社会经济发展需求匹配性指标赋值依据。本书认为，区域社会经济发展规划对港口业的发展有要求，港口行业规划是在区域规划的指导下制定的。满足区域规划和港口行业规划就是满足区域社会经济发展的需求。港口对区域规划和港口行业规划的匹配性是指其规模和类型满足规划要求的程度，可根据港口资料对照规划给出匹配性评分：匹配=1，较匹配=0.75，弱匹配=0.5，不匹配=0。

此外，港口岸线的利用效率也可归结到对社会经济发展需求的匹配性方面，且评分可由式（6.1.1）给出：

$$f_{23} = \frac{E}{E_{\max}}$$

（6.1.1）

式中：f_{23} 为被评港口岸线利用效率（合理性）得分（$0 \leqslant f_{23} \leqslant 1$）；$E$ 为被评港口单位岸线货运能力（或货物吞吐量）；$E_{\max}$ 为评价区域内单位岸线长度货运能力的最大值，即岸线利用效率最高的港口码头的单位岸线长度货运能力。

（3）自然条件适宜性指标赋值依据。①岸前水深与岸前水面宽度赋值。对于三峡库区长江干流来说，因为冬、春季水库水位较高，干流大部分岸线岸前水深较深，水面也较宽，所以对于处于长江干流的港口岸线，该指标赋值为 1 或 0.75（江面宽度受限）。对于库区支流来说，岸前水面宽度受到限制，加上集约化的要求，港口岸线该指标的赋值为 0.5。②后方陆域宽度指标赋值。岸线陆域是指满足港口陆上用地要求的宽度范围，包括装卸作业、辅助作业、客运站及其相应的办公、绿化等用地和保留的发展用地范围。现有多个文献（陈诚，2012；马荣华 等，2004）将岸前陆域分为三个等级：大于 1 000 m 为 1 级，陆域宽阔，基本不影响岸线资源开发利用；500～1 000 m 为 2 级，陆域狭窄，对岸线资源开发利用有较大限制；小于 500 m 为 3 级，陆域宽度不足，岸线资源开发利用受到严重限制。为了与其他指标赋值一致，本书将岸前陆域分为四个级别，并分别赋值，即岸前陆域大于或等于 1 000 m 赋值为 1，岸前陆域 800～1 000 m 赋值为 0.75，岸前陆域 500～800 m 赋值为 0.5，岸前陆域小于 500 m 赋值为 0。③河势稳定与交通便利指标赋值。依据现场考察的岸线实际情况，河势稳定与交通便利指标也各分为四个等级，即：岸线稳定赋值为 1，岸线较稳定赋值为 0.75，岸线弱稳定赋值为 0.5，岸线不稳定赋值为 0；交通便利赋值为 1，交通较便利赋值为 0.75，交通便利一般赋值为 0.5，交通不便利赋值为 0。

各指标的赋值情况可汇总于表 6.1.2 中。

表 6.1.2　单一港口岸线资源开发利用合理性评价指标赋值

指标	子指标	指标赋值
生态环境约束满足性	水环境容量限制满足性	开发利用区赋值为 1，控制利用区赋值为 0.75，保留区赋值为 0.50，保护区赋值为 0
	大气环境限制满足性	
	水生生物环境限制满足性	
	自然景观改善满足程度	
	人文景观限制满足性	
社会经济发展需求匹配性	岸线利用与区域规划的匹配性	匹配赋值为 1，较匹配赋值为 0.75，弱匹配赋值为 0.5，不匹配赋值为 0
	岸线利用与行业规划的匹配性	匹配赋值为 1，较匹配赋值为 0.75，弱匹配赋值为 0.5，不匹配赋值为 0
	每千米岸线货物吞吐量	f_{23} 赋值为 $E/E_{\max}$
自然条件适宜性	岸前水深	长江干流江面较宽赋值为 1，长江干流江面受限赋值为 0.75，支流赋值为 0.5
	岸前水面宽度	
	河势稳定	稳定赋值为 1，较稳定赋值为 0.75，弱稳定赋值为 0.5，不稳定赋值为 0
	后方陆域宽度	≥1 000 m 赋值为 1，800～1 000 m 赋值为 0.75，500～800 m 赋值为 0.5，<500 m 赋值为 0
	交通便利性	便利赋值为 1，较便利赋值为 0.75，一般赋值为 0.5，不便利赋值为 0

6.1.4　合理性评价方法

（1）生态环境约束满足性评价。依据表 6.1.2 中指标赋值可直接得到被评港口岸线生态环境约束满足性得分 f_1，即

$$f_1 = \{1 / 开发利用区, 0.75 / 控制利用区, 0.5 / 保留区, 0 / 保护区\} \tag{6.1.2}$$

（2）社会经济发展需求匹配性评价。被评港口岸线的社会经济发展需求匹配性得分可用式（6.1.3）计算，即

$$f_2 = (f_{21} + f_{22} + f_{23}) / 3 \tag{6.1.3}$$

式中：f_{21}、f_{22}、f_{23} 分别为被评港口岸线区域规划匹配性得分、行业规划匹配性得分和岸线利用效率得分。

（3）自然条件适宜性评价。被评港口岸线的自然条件适宜性得分可用式（6.1.4）计算，即

$$f_3 = (f_{31} + f_{32} + f_{33} + f_{34}) / 4 \tag{6.1.4}$$

式中：f_{31}、f_{32}、f_{33}、f_{34} 分别为被评港口岸前水深与水域宽度适宜性、河势稳定性、后方陆域宽度适宜性和交通便利性得分。

（4）单一港口岸线资源开发利用合理性评价模型。在含有环境保护、可靠性等安全指标的综合评价中，常采用变权综合评价的方法。变权即各评价指标的权重不再是常数，而是随着各指标取值的大小而变动。对于本书来说，生态环境约束的满足性具有一票否决的作用，即生态环境约束满足性为 0 时，港口岸线资源开发利用的合理性就应该很低，为了获得这样的结论，需要对生态环境约束满足性指标的权重采取变动策略，即生态环境约束满足性越小，其权重应该越大，其他指标的权重就会越小，港口岸线资源开发利用合理性评价的得分就越小；反之，生态环境约束满足性越大，其权重就应该越小，其他指标的权重就会越大，当生态环境约束满足性的取值为 1 时，其权重较小，港口岸线资源开发利用的合理性主要由自然条件适宜性和社会经济发展需求匹配性指标的大小来决定。同理，如果港口岸线资源开发利用不符合区域规划和行业规划，其合理性也应该很低，这样采取变权就会比较符合实际。

基于变权综合评价方法的单一港口岸线资源开发利用的合理性评价模型如下：

$$f_{GD} = w_1 f_1 + w_2 f_2 + w_3 f_3 \tag{6.1.5}$$

$$w_i = \frac{w_i^{(0)} S_i(f_i)}{\sum_{j=1}^{3} w_j^{(0)} S_j(f_j)}, \quad i = 1, 2, 3 \tag{6.1.6}$$

式中：f_{GD} 为被评港口岸线资源开发利用合理性得分；w_1、w_2、w_3 分别为被评港口生态环境约束满足性权重、社会经济发展需求匹配性权重和自然条件适宜性权重；$w_1^{(0)}$、$w_2^{(0)}$、$w_3^{(0)}$ 分别为被评港口三个指标的初始权重，本书可取 $w_1^{(0)} = 1/3$，$w_2^{(0)} = 1/3$，$w_3^{(0)} =$

$1/3$；$S_j(f_j)$ 为指标 j 的均衡函数，依据上述定性分析，三个指标的均衡函数可由式（6.1.7）表示：

$$S_j(f_j) = (f_j + 0.01)^{-2}, \quad j = 1, 2, 3 \tag{6.1.7}$$

这样，

$$w_i = \frac{w_i^{(0)} \times (f_i + 0.01)^{-2}}{\sum\limits_{j=1}^{3} w_j^{(0)} \times (f_j + 0.01)^{-2}}, \quad i = 1, 2, 3 \tag{6.1.8}$$

本书初步提出如下合理性评价标准：若 $f_{GD} > 0.8$，则岸线利用合理；若 $0.6 \leqslant f_{GD} \leqslant 0.8$，则岸线利用较合理；若 $f_{GD} < 0.6$，则岸线利用不合理。

观察式（6.1.8）可知，当 $f_1 = 0$ 时，其权重 w_1 接近于 1，其他两个指标的权重会很小，这样被评港口岸线资源的开发利用合理性接近于 0，相当于生态环境约束满足性太差而一票否决。同理，对于规划匹配性，也有同样的特性。

6.2 区域港口岸线资源开发利用合理性评价

6.2.1 合理性评价的含义

区域港口岸线资源开发利用合理性评价是指对某个具体区域港口岸线资源开发利用的合规性、集约性、开发利用效率及环境满足性等方面的评价。

（1）合规性评价。合规性评价是评价库区港口岸线是否存未批先建、占而不用、多占少用等违规现象，如是否取得港口岸线涉河方案许可等。

（2）集约性评价。集约性评价是评价库区港口岸线资源开发利用的规模化、专业化和公用化水平，如集装箱码头水平、大宗散货等专业化码头水平、规模化公用港区岸线利用水平等。

（3）开发利用效率评价。开发利用效率评价是评价区域港口岸线资源开发利用所产生的效果，如单位港口岸线货物吞吐量、单位港口岸线 GDP 贡献等。

（4）环境满足性评价。环境满足性评价是指区域港口岸线资源开发利用对生态环境约束的满足性，如港口岸线在开发利用区或控制利用区的比例等。

6.2.2 合理性评价的指标体系与评价方法

根据 6.2.1 小节界定，本书提出了库区区域港口岸线资源开发利用合理性评价指标体系，如表 6.2.1 所示。

表 6.2.1　区域港口岸线资源开发利用合理性评价指标体系

指标	子指标
合规性	获得开发利用许可的港口码头所占的比例
集约性	主要规模以上码头所占比例
	集装箱吞吐量占比
	公用港口码头所占比例
	生产用泊位数（长度）占比
开发利用效率	单位港口岸线货物吞吐量
	单位港口岸线 GDP 贡献
环境满足性	港口码头在开发利用区或控制利用区的比例

区域港口岸线资源开发利用的合理性评价可采用区域对比综合评价方法，即对库区有关区域的港口岸线资源开发利用情况对照表 6.2.1 中所列指标分别进行计算，通过对比分析可以看出某个区域港口岸线资源开发利用的合理性。

6.3　基于 DEA 模型的区域港口岸线资源利用相对有效性评价

6.3.1　DEA 模型概述

DEA 模型是涵盖了多个领域（包括数学和运筹学等）的交叉科学，该模型通过多种数学规划模型（如线性规划模型等）评价各个决策单元（decision making units，DMU）之间的相对有效性，这些 DMU 往往具有多种投入和产出。该模型的原理是通过各DMU 的投入产出数据构建出一个前沿面，若 DMU 位于这个前沿面上，则认为该 DMU相对于其他 DMU 有效，反之，则无效。因此，DEA 模型为一种非参数估计模型，且其评价结果为各 DMU 的相对有效性，而非绝对有效性。

一般地，投入指标为越少越好的指标（如人力、物力、财力投入等），而产出指标为越多越好的指标（如产值、利润等），因此，使用 DEA 模型进行分析评价的目的是在保证投入最小的同时，使产出最大化。然而，除此之外，也存在产出越少越好的情况，如将生产过程产生的污染作为产出，越多反而越无效。由于本书讨论的是港口岸线资源利用的效率，即探求如何以更少的岸线资源投入来换取更多的货物吞吐量，故适用于前者，即投入最小化、产出最大化。

6.3.2　DEA 模型分类

1. 按 DEA 模型的导向分类

DEA 模型按其导向的不同，可分为投入导向型和产出导向型两种。投入导向型的 DEA 模型关注投入的变化，即在控制产出不变的情况下，投入能够减少的量，也就是判断是否存在投入的冗余；相反，产出导向型 DEA 模型关注产出的变化，即在控制投入不变的情况下，产出能够增加的量，也就是判断是否存在产出的不足。为形象化两种基本模型的差异，这里将采用前沿面的概念，通过图 6.3.1 来解释。

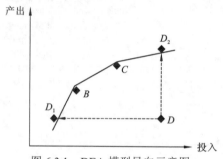

图 6.3.1　DEA 模型导向示意图

图 6.3.1 中所示曲线为利用各 DMU 的投入产出数据构建出的前沿面，该前沿面上的 DMU 是相对有效的。可以看到，DMU B、C 位于 DEA 模型前沿面上，属于 DEA 模型相对有效，而 DMU D 位于前沿面之内，属于 DEA 模型相对无效。为将 DMU D 移动到前沿面上使其有效，可以采取 D 到 D_1 和 D 到 D_2 这两种方式，D 到 D_1 的过程即将产出维持在固定水平尽量使投入减少的投入导向型，D 到 D_2 的过程即将投入维持在固定水平尽量使产出增大的产出导向型。也就是说，在产出导向型 DEA 模型下，DMU D 会投影到 D_2 上，在投入导向型 DEA 模型下，DMU D 会投影到 D_1 上。

由于本书讨论的是区域港口岸线资源开发利用的效率，在当前清理整顿港口岸线的大背景下，用投入导向型 DEA 模型来进行计算分析。

2. 按 DEA 模型的功能分类

原始的 DEA 模型是由美国著名运筹学家查恩斯（Charnes）等于 1978 年提出的 C^2R 模型，随着越来越多的学者使用 DEA 模型进行分析，发现其具有一定的局限性。为提高模型适用性，并使模型更全面和准确，学者提出了一些具有特定用途的 DEA 模型，通过不断扩充，DEA 模型的体系日益完善。不同形式的 DEA 模型具有不同的功能，这里将着重介绍运用较为广泛的 C^2R 模型、BC^2 模型的原理和分析方法。

1）C^2R 模型

C^2R 模型是第一个 DEA 模型，因此到现在该模型仍具有较强的代表性。该模型的前提条件是假设 DMU 处于规模报酬不变的状态，因而其效率值反映各 DMU 的综合效率情况。设产出不变保持为 y_0，初始投入 x_0 减小到 $\dfrac{x_0}{\theta}$，求解 θ 的最小值，该模型可以表示为如下线性规划形式：

$$(D_{C^2R}^I) = \begin{cases} \min \theta, \\ \sum\limits_{j=1}^{n} x_j \lambda_j + s^- = \theta x_0, \\ \sum\limits_{j=1}^{n} y_j \lambda_j - s^+ = y_0, \end{cases} \quad \lambda_j \geqslant 0, s^- \geqslant 0, s^+ \geqslant 0, j = 1, 2, \cdots, n \quad (6.3.1)$$

式中：$D_{C^2R}^I$ 为目标函数；DMU_0 为初始决策单元；θ 为 DMU_0 的综合效率值；λ_j 为 DMU_0 相对有效时，第 j 个 DMU 的权重系数；s^- 为松弛变量，反映是否存在过剩投入；s^+ 为剩余变量，反映是否存在产出不足；x_j 为第 j 个 DMU 的投入；y_j 为第 j 个 DMU 的产出；n 为自然数集。

　　DMU 综合效率是否有效的判断方式如下。DMU 综合效率的相对有效性总体上可分为相对有效和相对无效两类，而相对有效的 DMU 又可分为相对强有效和相对弱有效两类。根据式（6.3.1）和相关模型的分析可知，综合效率相对有效和相对无效的区别在于投入的资源是否得到了充分利用；而综合效率相对强有效和相对弱有效的区别在于是否存在投入冗余或产出不足的情况。因此，在该模型中，可以通过 θ、s^- 及 s^+ 的取值来判断 DMU 综合效率的相对有效性。当 $\theta=1$，$s^-=0$ 且 $s^+=0$ 时，DMU 综合效率处于相对强有效状态；当 $\theta=1$，$s^- \neq 0$ 或 $s^+ \neq 0$ 时，DMU 综合效率处于相对弱有效状态；当 $\theta<1$ 时，DMU 综合效率处于相对无效状态。在投入导向型 DEA 模型的分析中，综合效率相对弱有效的 DMU 减少 s^- 的投入量时，得到的产出不变，即仍为 y_0。

　　效率改善方向如下。对于综合效率相对无效的各 DMU，可以对其进行投影分析，看其投入产出量的改变方向和数量，并通过其改变方向和数量分析各无效 DMU 效率不足的原因和程度，为管理提供重要的决策信息。对于上述线性规划，有以下定义：

$$\begin{cases} x_0' = \theta^0 x_0 - s^{-0} = \sum\limits_{j=1}^{n} x_j \lambda_j^0 \\ y_0' = y_0 + s^{+0} = \sum\limits_{j=1}^{n} y_j \lambda_j^0 \end{cases} \quad (6.3.2)$$

式中：λ_j^0、s^{-0}、s^{+0} 为 $\mathrm{DMU}(x_0, y_0)$ 对应的线性规划问题 $D_{C^2R}^I$ 的最优解；(x_0', y_0') 为 $\mathrm{DMU}(x_0, y_0)$ 在 DEA 模型前沿面上的投影。

　　各相对无效 DMU 通过式（6.3.2）的投影变换，转变为了位于前沿面上的相对强有效的 DMU。由此，对式（6.3.2）进行变换，可得到各相对无效 DMU 转变为相对有效 DMU 时，所需减少的投入或增加的产出的估计量：

$$\begin{cases} \Delta x_0 = x_0 - x_0' = (1 - \theta^0) x_0 + s^{-0} \\ \Delta y_0 = y_0' - y_0 = s^{+0} \end{cases} \quad (6.3.3)$$

　　显然，$\Delta x_0 \geqslant 0$，$\Delta y_0 \geqslant 0$。若采用的是投入导向型 DEA 模型，在这里仅分析 Δx_0 的

取值。若原来的 DMU(x_0，y_0)处于综合效率相对无效状态，则可根据上述原理，按照式（6.3.2）所示的方法对相对无效的 DMU 进行投影，通过式（6.3.3）可计算出各 DMU 在保证产出不变的条件下，可以减少的投入量，即 Δx_0，从而使相对无效的 DMU 转变为新的相对有效的 DMU。

2）BC^2 模型

为解决 C^{2}R 模型应用的局限性问题，学者在 C^{2}R 模型的基础上提出了 BC^2 模型，与 C^{2}R 模型不同的是，该模型假设规模报酬可变，因而适用于并非所有 DMU 均处于最优规模的情形。式（6.3.4）所示的 BC^2 模型的线性规划形式在式（6.3.1）的基础上增加了 $\sum_{j=1}^{n}\lambda_j = 1$ 的约束条件，故其计算出的效率值为不考虑规模变化的各 DMU 的纯技术效率值。由于综合效率＝纯技术效率×规模效率（下面简称三大效率），所以结合 C^{2}R 模型和 BC^2 模型，可计算出各 DMU 的三大效率，解决了 C^{2}R 模型无法解答各 DMU 是否技术有效或规模有效的问题。

$$
(D_{BC^2}^I) = \begin{cases}
\min \gamma, \\
\sum_{j=1}^{n} x_j \lambda_j + s^- = \gamma x_0, \\
\sum_{j=1}^{n} y_j \lambda_j - s^+ = y_0, \qquad \lambda_j \geqslant 0, s^- \geqslant 0, s^+ \geqslant 0, j=1,2,\cdots,n \\
\sum_{j=1}^{n} \lambda_j = 1,
\end{cases}
\qquad (6.3.4)
$$

式中：γ 为 DMU$_0$ 的纯技术效率；λ_j 为 DMU$_0$ 相对有效时，第 j 个 DMU 的权重系数；s^- 为松弛变量，反映是否存在过剩投入；s^+ 为剩余变量，反映是否存在产出不足；x_j 为第 j 个 DMU 的投入；y_j 为第 j 个 DMU 的产出。

DMU 纯技术效率是否有效的判断方式如下。与 C^{2}R 模型综合效率的分析一致，BC^2 模型中，DMU 纯技术效率的相对有效性可以分为相对强有效、相对弱有效、相对无效三类，且可以通过 γ、s^- 及 s^+ 的取值来判断 DMU 纯技术效率的相对有效性情况。与 C^{2}R 模型综合效率分析不同的是，纯技术效率相对有效和相对无效的区别在于是否达到了适应于生产规模的管理技术水平。当 $\gamma=1$，$s^-=0$ 且 $s^+=0$ 时，DMU 处于纯技术效率相对强有效状态；当 $\gamma=1$，$s^- \neq 0$ 或 $s^+ \neq 0$ 时，DMU 处于纯技术效率相对弱有效状态；当 $\gamma<1$ 时，DMU 处于纯技术效率相对无效状态。同样地，投入导向型模型中，在不考虑规模变换的影响时，纯技术效率相对弱有效的 DMU 减少 s^- 的投入，得到的产出仍为 y_0。

DMU 规模效率是否有效的判断方式如下。C^{2}R 模型计算得到的综合效率＝BC^2 模型计算得到的纯技术效率×规模效率，因此，若两种模型计算出的效率一致，则可计算出规模效率为 1，表明该 DMU 的规模效率相对有效，反之，则相对无效。

规模报酬递增、不变、递减的判断方式如下。规模效率可从另一方面反映出该 DMU 处于何种规模报酬状态。具体来讲，若规模效率为 1，则该 DMU 规模报酬不变；若规模效率小于 1，则需要将式（6.3.4）中新增的约束条件 $\sum_{j=1}^{n} \lambda_j = 1$ 改为 $\sum_{j=1}^{n} \lambda_j \leqslant 1$，再将各 DMU 的投入产出数据代入计算，看计算出的纯技术效率相对于之前的计算结果是否发生变化，若不变，则该 DMU 规模报酬递减，若发生变化，则该 DMU 规模报酬递增。

6.3.3 投入产出指标的确定

DEA 模型对指标选取的要求较高，指标选取的准确性直接决定了 DEA 模型运算结果的准确性。总地来说，DEA 模型选取评价指标时要综合考虑各评价指标的可得性（是否能获得可靠数据）、全面性（是否能全面反映各 DMU 的投入产出情况）和代表性（是否能代表各 DMU 所有的投入产出情况），此外，要尽量保证各评价指标之间具有相互独立性，避免各评价指标间高度相关。

依据上述原则，考虑本书的研究内容和目的，本书提出如下用于 DEA 模型的投入产出指标。

投入指标：港口岸线长度、泊位数、港口货运能力（总通过能力）。

产出指标：货物吞吐量、港口业增加值、集装箱吞吐量。

（1）港口岸线长度。本书的研究目的决定了港口岸线资源开发利用长度为最直接和主要的投入指标。

（2）泊位数。泊位数不仅在一定程度上反映了区域港口业的生产规模，而且在较大程度上反映了区域港口业的固定资产价值。

（3）港口货运能力。港口货运能力反映区域港口规模与运输能力。

（4）货物吞吐量。区域港口业最主要的产出指标。

（5）港口业增加值。港口业增加值反映区域港口业的运行效率。

（6）集装箱吞吐量。集装箱吞吐量反映区域港口的集约性。

第 7 章

典型岸线资源保护利用
效益评价实践

本章探讨典型的岸线资源保护利用效益评价方法，从三个方面阐述效益评价模型构建和指标构建理论。一是港口岸线资源开发利用效益方面：基于评价指标体系，对典型港口岸线的货物吞吐量增长率、营业收入增长率与区域经济增长率进行对比分析；基于评价指标体系，从典型区域港口货物吞吐量及其占货运总量的比例、港口业增加值占区域总量的比例等方面，分析区域港口岸线资源开发利用对经济发展的直接贡献；基于投入产出法，对典型港口岸线资源开发利用、典型区域港口岸线资源开发利用的直接和间接效益进行量化估计，以此为基础，定量估计三峡库区港口岸线资源开发利用的总效益。二是防洪护岸及生态整治工程岸线保护效益方面：基于指标体系，从保护区面积、人口、地区生产总值和增加的开发面积等方面分析典型防洪护岸工程岸线保护的社会经济效益，从增加的绿地面积和减少的水土流失量，分析典型防洪护岸与生态整治工程岸线保护的环境改善效益和水土保持效益；基于本书提出的模型与计算方法，针对涪陵区某一防洪护岸工程岸线的防洪效益与生态环境效益进行实证研究，以案例研究成果为基础，对库区典型防洪护岸与生态整治工程岸线保护的效益进行计算，并估算全库区防洪护岸与生态整治工程岸线保护的整体效益。三是跨江大桥岸线资源开发利用效益方面：基于评价指标体系，对万州区和涪陵区的 6 个典型跨江大桥岸线进行通行效益的分析；基于可达性改善的区域跨江大桥岸线资源开发利用效益计算方法，选取万州区为典型区域，对典型区域进行效益评估；以案例研究成果为基础，对全库区跨江大桥岸线资源开发利用的直接和间接效益进行计算。

7.1 典型岸线利用项目选择与调研情况

根据相关调查统计资料,三峡库区长江干流岸线利用项目共计 822 个,涉及岸线约 457.78 km,其中库区湖北省段 61 个,涉及岸线约 32.89 km,库区重庆市段 761 个,涉及岸线约 424.89 km,分别占项目总数的 7.42%和 92.58%、岸线长度的 7.18%和 92.82%。

本节对选定的 6 个典型区县进行详细分析和现场调研。6 个典型区县共涉及岸线利用项目 375 个,其中秭归县 27 个,涪陵区 81 个,万州区 91 个,江北区 48 个,南岸区 79 个,渝中区 49 个。在对典型区县总的岸线利用项目进行统计分析的基础上,根据项目的建设时间、建设地点、业主单位等基本情况,综合分析项目的样本代表性和资料的可获得性,筛选了一部分项目进行现场调研。研究工作共选择现场调研项目 50 个,其中调研项目的区域分布为秭归县 9 个,涪陵区 14 个,万州区 13 个,江北区 6 个,南岸区 5 个,渝中区 3 个;调研项目的类型分布为港口码头项目 22 个,防洪护岸与生态整治工程项目 22 个,跨江大桥项目 6 个。资料收集较为齐全的项目 36 个,其中秭归县 7 个,涪陵区 11 个,万州区 10 个,江北区 1 个,南岸区 5 个,渝中区 2 个,如表 7.1.1 所示。

表 7.1.1 三峡库区典型区县岸线资源利用项目调研情况表

序号	区县	岸线利用项目		调研项目情况		备注
		项目数/个	岸线长度/km	项目数/个	岸线长度/km	
1	秭归县	27	14.1	9	9.3	7 个资料较全
2	涪陵区	81	48.4	14	14.7	11 个资料较全
3	万州区	91	34.5	13	11.8	10 个资料较全
4	江北区	48	16.9	6	9.0	1 个资料较全
5	南岸区	79	71.2	5	5.8	5 个资料较全
6	渝中区	49	18.5	3	3.6	2 个资料较全
	合计	375	203.6	50	54.2	

7.2 港口岸线资源开发利用效益评价

以港口岸线资源开发利用效益评价指标和评价方法为基础,对库区部分典型港口岸线与典型区域港口岸线资源开发利用展开评价实践。

7.2.1 基于指标的典型单一港口岸线资源开发利用效益评价

以港口岸线评价指标体系为基础,收集典型港口岸线资源开发利用的相关数据对其进行效益分析。对于典型港口岸线而言，反映其效益的主要指标包括货物吞吐量、营业收入、港口就业人数等。

1. 典型港口岸线项目基本情况

本书在湖北省秭归县、重庆市万州区、重庆市涪陵区和重庆市主城区共选择了 15 个典型港口岸线，典型港口岸线的基本情况如表 7.2.1 所示。

表 7.2.1　典型港口岸线基本情况

序号	港口名称	所在地区	岸线长度/m	泊位类型	泊位吨级/t	泊位数/个
1	交运纳溪沟港	南岸区	679	集装箱+散货	5 000	4
2	东港滚装码头	南岸区	1 200	滚装	3 000	1
3	重庆东港集装箱码头	南岸区	1 100	集装箱+散货	5 000	3
4	重庆港涪陵港区黄旗作业区一期	涪陵区	736	集装箱+滚装	3 000	3
5	珍溪码头装卸有限公司珍溪码头	涪陵区	155	散货	3 000	1
6	重庆市涪陵区攀华码头	涪陵区	960	件杂	3 000 及 5 000	6
7	涪陵特固建材码头	涪陵区	140	散货	2 000	1
8	重庆中机龙桥热电有限公司电厂专用码头	涪陵区	280	散货	5 000	2
9	万州港红溪沟港区一期	万州区	1 000	集装箱+散货	1 000 及 3 000	2
10	重庆苏商港口物流有限公司桐子园码头	万州区	350	散货	3 000	3
11	重庆港万州港区江南沱口作业区一期	万州区	260	集装箱	5 000	2
12	宜昌港秭归港区茅坪作业区二期	秭归县	1 311	滚装+件杂	3 000	5
13	秭归县佳鑫港口	秭归县	288	散货	1 000	2
14	秭归县银杏沱滚装码头	秭归县	518	滚装	3 000	5
15	秭归县福广码头	秭归县	328	散货	1 000	2

资料来源：项目业主单位调研表。

2. 典型港口岸线利用效益指标统计与分析

表 7.2.2 所列数据为典型港口岸线利用相关效益指标的统计数据，统计时间为 2010～2018 年。

表 7.2.2　典型港口岸线利用效益指标统计

港口岸线名称	统计时间	货物吞吐量		营业收入		就业人数	
		年均/(10^4t)	增长率/%	年均/亿元	增长率/%	年均/人	增长率/%
交运纳溪沟港	2011～2018 年	98.5	24.6	0.810	45.8	90	24.0
东港滚装码头	2016～2018 年	224.0	122.3	0.470	70.6	50	3.1
重庆东港集装箱码头	2015～2018 年	219.0	88.6	0.290	58.7	114	23.2

港口岸线名称	统计时间	货物吞吐量		营业收入		就业人数	
		年均/(10⁴t)	增长率/%	年均/亿元	增长率/%	年均/人	增长率/%
重庆港涪陵港区黄旗作业区一期	2011~2018 年	274.4	23.3	0.280	11.9	125	0.2
珍溪码头装卸有限公司珍溪码头	2010~2016 年	14.0	0.0	0.006	0.0	6	0.0
重庆市涪陵区攀华码头	2012~2018 年	131.0	62.2	专用码头		54	0.0
涪陵特固建材码头	2014~2018 年	160.0	0.0	0.026	0.0	7	0.0
重庆中机龙桥热电有限公司电厂专用码头	2014~2018 年	83.6	26.1	专用码头		16	0.0
万州港红溪沟港区一期	2010~2018 年	738.8	4.5	0.815	32.4	734	-0.2
重庆苏商港口物流有限公司桐子园码头	2013~2018 年	262.2	18.5	0.230	8.5	42	6.3
重庆港万州港区江南沱口作业区一期	2010~2018 年	162.1	17.5	0.264	53.0	160	0.8
秭归县佳鑫港口	2013~2018 年	50.3	61.5	0.028	45.9	80	32.0
秭归县银杏沱滚装码头	2010~2018 年	1 055.0	-6.1	0.173	8.4	700	-8.6
秭归县福广码头	2013~2018 年	31.5	40.2	0.116	64.2	14	11.8
平均增长率/%			34.5		33.3		6.6

注：涪陵珍码头 2017 年、2018 年改扩建。宜昌港秭归港区茅坪作业区二期 2019 年开始运营。

资料来源：项目业主单位调研表。

表 7.2.2 中统计数据表明：

（1）典型港口岸线货物吞吐量呈现稳定增长态势。表 7.2.2 中列举了 14 个典型港口各年的货物吞吐量情况，由于建成运行时间不同，以及收集的资料不全，一些数据有空缺。从表 7.2.2 中统计数据可以看出，除少数港口外，绝大多数港口的货物吞吐量呈现稳定增长态势，平均复合增长率达到 34.5%。

（2）典型港口码头营业收入逐年稳定增长。从价值指标的角度考虑，港口码头对区域经济的直接贡献应为生产增加值，包括固定资产折旧、劳动者报酬、税收和营业净利润，这些数据涉及企业财务信息，本次调研未获得这些数据，这里用营业收入来描述各港口的直接经济贡献，表 7.2.2 中列举了 14 个典型港口的各年营业收入情况。从表 7.2.2 中统计数据可以看出，绝大多数港口的营业收入也呈现出稳定增长态势，年平均复合增长率达到 33.3%。

（3）典型港口码头就业人数保持基本稳定。就业人数是反映港口码头对区域社会经济直接贡献的指标之一，理论上，港口码头就业人数应该包括所有从事港口经济活动的直接就业和间接就业人数，本次调查所收集的数据为直接就业人数，表 7.2.2 中列举了 14 个典型港口的直接就业人数。从表 7.2.2 中统计数据可以看出，虽然各港口的货物吞吐量在快速增长，但绝大多数港口的直接就业人数处于稳定状态，平均复合增长率仅为 6.6%，这和港口机械化、自动化和智能化水平的提高有很大关系。

7.2.2　基于指标的典型区域港口岸线资源开发利用效益评价

从区域的角度看，港口对区域社会经济的直接贡献可用港口经济活动量及其占区域经济活动量的比例来描述，如港口业货运量及其占整个交通运输量的比例、港口业经济量及其占区域经济量的比例、港口业就业人数等。我们实地考察了湖北省秭归县、重庆市涪陵区、重庆市万州区、重庆市主城区等区域的港口岸线资源利用情况，并收集了有关资料。利用收集的相关资料分别对秭归县、涪陵区、万州区及重庆市全市的港口岸线资源利用效益现状进行了分析。分析中，将水上货运量作为港口业运输量（货物吞吐量）进行港口业的效益分析，理由是：①虽然由于统计方法与统计口径的不同，年鉴中水上货运量与港口货物吞吐量有一定的差异，但两者差别很小，且高度正相关；②一些地区的统计年鉴未将港口货物吞吐量单独立项统计，调查中获得的港口货物吞吐量多数来自地区港航局统计资料，而区域水上货运量则有单独立项统计，数据权威且系列较长。

1. 典型港口岸线利用效益指标统计与分析

（1）湖北省秭归县港口岸线资源利用基本情况。表 7.2.3 所列数据为湖北省秭归县港口岸线资源利用基本情况，从表中数据可以看出秭归县港口岸线资源利用从发展到优化整合的过程。

表 7.2.3　湖北省秭归县港口岸线资源利用基本情况

年份	泊位数/个	泊位长度/m	占用岸线长度/m
2005	45	3 526	6 803
2006	45	3 426	6 803
2007	47	3 556	6 943
2008	47	3 556	6 943
2009	53	4 206	7 393
2010	53	4 206	7 393
2011	55	4 346	7 443
2012	55	4 346	7 443
2013	55	4 346	7 443
2014	55	4 346	7 443
2015	55	4 346	7 443
2016	55	4 346	7 443
2017	39	4 000	6 161
2018	39	4 000	6 161

资料来源：秭归县港航管理局。

（2）重庆市涪陵区港口岸线资源利用基本情况。表 7.2.4 所列数据为重庆市涪陵区长江干流港口岸线资源利用基本情况。表 7.2.4 中数据说明，随着岸线资源的优化整合，涪陵区港口码头数、泊位数及岸线利用长度等整体减少，截至 2018 年，涪陵区港口码头数 49 个，泊位数 81 个，占用岸线长度 19 504 m，其中，长江干流港口码头数 33 个，泊位数 58 个，占用岸线长度 13 944 m。

表 7.2.4　重庆市涪陵区长江干流港口岸线资源利用基本情况

年份	港口码头数/个			泊位数/个			岸线利用长度/m		
	干流	支流	合计	干流	支流	合计	干流	支流	合计
2005	136	33	169	157	39	196			17 625
2006	103	29	132	157	39	196			17 625
2007	92	27	119	115	36	151			25 169
2008	89	26	115	115	36	151			25 169
2009	89	26	115	99	34	133			25 169
2010	65	20	85	76	28	104	17 008	6 080	23 088
2011	66	20	86	81	28	109	17 008	6 080	23 088
2012	67	20	87	83	28	111	17 008	6 080	23 088
2013	68	20	88	84	28	112	17 148	6 080	23 228
2014	69	20	89	86	28	114	17 328	6 080	23 408
2015	69	20	89	86	28	114	17 328	6 080	23 408
2016	68	20	88	83	28	111	16 822	6 080	22 902
2017	42	19	61	62	27	89	15 012	6 000	21 012
2018	33	16	49	58	23	81	13 944	5 560	19 504

资料来源：重庆市涪陵区港航管理局。

（3）重庆市万州区长江干流港口岸线资源利用基本情况。表 7.2.5 所列数据为重庆市万州区长江干流港口岸线资源利用基本情况，从表中数据可以看出万州区长江干流港口岸线资源利用从发展到优化整合的过程。

表 7.2.5　重庆市万州区长江干流港口岸线资源利用基本情况

年份	港口码头数/个	泊位数/个	占用岸线长度/m
2011	19	86	5 979
2012	19	86	5 979
2013	14	55	5 479
2014	14	55	5 479
2015	17	58	5 889
2016	18	59	6 019
2017	16	57	5 826
2018	17	59	9 026

注：2018 年岸线长度增加的原因是重庆港万州港区新田作业区一期纳入统计中，其未投入运行；表中统计数据为生产用码头及泊位数量。

资料来源：万州区港口航务管理局。

（4）重庆市全市港口岸线资源利用基本情况。表 7.2.6 所列数据为重庆市全市港口岸线资源利用基本情况，从表中数据可以看出重庆市全市港口岸线资源利用从发展到优化整合的过程。表 7.2.6 中 2014 年以前的数据为重庆市主要港口码头的数据，从 2014 年起，数据为全部港口码头的数据。

表 7.2.6　重庆市全市港口岸线资源利用基本情况

年份	港口码头岸线长度/m			泊位数/个		
	生产用	非生产用	合计	生产用	非生产用	合计
2001	14 626	615	15 241	150	8	158
2002	35 110	2 925	38 035	482	41	523
2003	11 032	3 084	14 116	129	33	162
2004	13 373	2 804	16 177	141	30	171
2005	13 391	2 779	16 170	144	34	178
2006	13 951	2 813	16 764	147	34	181
2007	13 194	2 813	16 007	138	35	173
2008	12 358	1 517	13 875	126	29	155
2009	12 158	3 060	15 218	136	26	162
2010	13 237	2 740	15 977	144	22	166
2011	13 915	2 440	16 355	149	21	170
2012	14 155	2 500	16 655	152	41	193
2013	14 405	2 500	16 905	154	41	195
2014	70 501 (14 530)	20 821 (2 500)	91 322 (17 030)	824 (155)	361 (41)	1 185 (196)
2015	69 984	20 936	90 920	812	363	1 175
2016	70 667	21 176	91 843	811	363	1 174
2017	67 000	11 531	78 531	741	360	1 101
2018	63 760	20 866	84 626	664	358	1 022

注：2014 年前的数据为全市主要港口码头的数据，从 2014 年起，数据为全部港口码头数据，括号中的数据为主要港口码头数据。

资料来源：《重庆统计年鉴》。

2. 典型区域社会经济基本情况

为分析区域港口岸线资源开发利用效益情况，需要对港口经济发展指标与区域经济发展指标做对比分析。这里主要列举各典型区域生产总值与第三产业增加值，如表 7.2.7 所示。

表 7.2.7　典型区域主要社会经济发展情况　　　　　　　　（单位：亿元）

年份	湖北省秭归县		重庆市涪陵区		重庆市万州区		重庆市全市	
	地区生产总值	第三产业增加值	地区生产总值	第三产业增加值	地区生产总值	第三产业增加值	地区生产总值	第三产业增加值
2003	—	—	115.67	46.65	110.66	55.27	2 555.72	1 081.35
2004	—	—	134.98	54.57	133.83	67.91	3 048.03	1 233.14
2005	21.77	11.64	160.78	66.99	157.36	80.63	3 486.22	1 445.16
2006	25.56	14.14	185.28	77.94	186.63	100.11	3 929.67	1 655.08
2007	29.65	15.40	234.23	93.41	228.30	114.52	4 698.25	2 019.22
2008	36.97	18.06	312.39	115.02	314.09	139.99	5 817.55	2 641.16
2009	43.96	20.63	355.04	131.10	386.45	158.59	6 559.99	2 996.83
2010	52.90	23.20	434.49	148.04	560.13	192.53	7 057.49	3 724.33
2011	66.69	27.04	557.34	173.96	622.59	229.09	10 048.07	4 723.93
2012	78.77	30.51	630.53	201.67	662.86	263.76	11 456.26	5 319.79
2013	91.24	35.08	690.04	213.09	702.03	288.50	12 832.82	5 991.52
2014	100.53	39.57	757.48	243.41	771.22	324.40	14 322.91	6 694.92
2015	110.09	45.13	813.19	268.13	828.22	359.01	15 789.80	7 527.08
2016	117.96	49.46	896.22	299.26	897.39	400.61	17 674.33	8 538.43
2017	121.92	52.40	992.24	326.97	965.58	444.02	19 424.73	9 564.04
2018	—	—	1 076.13	397.40	982.58	563.19	20 363.19	10 656.10
年均增长率/%	15.44	13.36	16.03	15.35	15.67	16.74	14.84	16.48

3. 典型区域港口岸线货物吞吐量及其占比分析

分析典型区域港口岸线货物吞吐量及其占区域货运总量的比例可了解库区港口岸线资源开发利用的发展情况及其在物流运输中的地位。表 7.2.8 和表 7.2.9 为各典型区域及重庆市全市港口岸线货物吞吐量及其占区域货运总量的比例情况。

表 7.2.8　典型区域港口岸线货物吞吐量及其占比

年份	湖北省秭归县			涪陵区			万州区		
	货运总量/（10⁴t）	货物吞吐量/（10⁴t）	货物吞吐量占比/%	货运总量/（10⁴t）	货物吞吐量/（10⁴t）	货物吞吐量占比/%	货运总量/（10⁴t）	货物吞吐量/（10⁴t）	货物吞吐量占比/%
2003	—	—	—	—	—	—	1 051	168	16.0
2004	—	—	—	—	—	—	1 182	263	22.3
2005	366	44.7	12.2	1 446	—	—	1 478	354	24.0
2006	370	56.9	15.4	1 397	784	56.1	1 741	646	37.1
2007	435	104.6	24.0	1 845	1 040	56.4	2 438	916	37.6
2008	474	158.0	33.3	2 050	1 046	51.0	2 732	1 102	40.3

续表

年份	湖北省秭归县			涪陵区			万州区		
	货运总量 / (10^4 t)	货物吞吐量 / (10^4 t)	货物吞吐量占比/%	货运总量 / (10^4 t)	货物吞吐量 / (10^4 t)	货物吞吐量占比/%	货运总量 / (10^4 t)	货物吞吐量 / (10^4 t)	货物吞吐量占比/%
2009	466	140.2	30.1	2 472	948	38.3	3 222	1 251	38.8
2010	560	242.0	43.2	3 122	1 237	39.6	3 734	1 475	39.5
2011	595	226.4	38.1	4 427	1 612	36.4	4 931	1 934	39.2
2012	644	247.6	38.4	5 396	1 848	34.2	4 699	2 118	45.1
2013	853	416.2	48.8	5 351	2 017	37.7	4 641	2 021	43.5
2014	741	352.2	47.5	5 780	2 273	39.3	5 097	2 192	43.0
2015	856	353.0	41.2	6 177	2 507	40.6	5 658	2 476	43.8
2016	976	641.0	65.7	6 703	2 766	41.3	5 883	2 795	47.5
2017	1 013	645.0	63.7	7 328	3 052	41.6	6 553	3 157	48.2
2018	—	—	—	8 035	3 072	38.2	7 306	3 692	50.5
年均增长率/%	8.9	24.9	—	14.1	12.1	—	13.8	22.9	—

注：《万州统计年鉴》中港口货物吞吐量数据不全。

表 7.2.9　重庆市全市港口岸线货物吞吐量及其占比

年份	货运量总计/ (10^8 t)	水上运输量/ (10^8 t)	货物吞吐量/ (10^8 t)	货物吞吐量占比/%
2003	3.257	0.221	0.324	9.95
2004	3.643	0.292	0.454	12.46
2005	3.920	0.390	0.525	13.39
2006	4.281	0.533	0.542	12.66
2007	4.997	0.700	0.643	12.87
2008	6.365	0.697	0.789	12.40
2009	6.849	0.771	0.861	12.57
2010	8.139	0.966	0.967	11.88
2011	9.678	1.176	1.161	12.00
2012	8.640	1.287	1.250	14.47
2013	8.712	1.292	1.368	15.70
2014	9.729	1.412	1.466	15.07
2015	10.374	1.504	1.568	15.11
2016	10.784	1.665	1.737	16.11
2017	11.534	1.851	1.972	17.10
2018	12.823	1.945	2.044	15.94
年均增长率/%	9.57	15.60	13.06	—

资料来源：《重庆统计年鉴》。

从表 7.2.8 和表 7.2.9 可以得到以下结论。

（1）三峡库区典型区域港口物流为各区域主要物流方式，表现在货物吞吐量占区域货运总量的比例维持在较高水平。近几年，湖北省秭归县货物吞吐量比例超过 60%；三峡水库蓄水后，重庆市涪陵区和万州区货物吞吐量（或水上运输量）占区域货运总量的比例也一直维持在 38%～50%。这表明典型区域港口经济活动对当地社会经济的直接贡献较高且稳定。

（2）港口货物吞吐量增长速度高于区域货运总量增长速度。2005 年以后，秭归县港口货物吞吐量年均增长率高达 24.9%，远高于秭归县货运总量的增长速度，也远高于秭归县同期地区生产总值 15.44% 的增长速度；2003 年以后，重庆市万州区港口货物吞吐量的增长速度达到 22.9%，同样高于万州区同期货运总量的增长速度；虽然涪陵区港口货物吞吐量的增长速度略低于货运总量的增长速度，但从重庆市全市的视角看，货物吞吐量的增长速度也明显高于货运总量的增长速度。这表明，三峡工程竣工蓄水后，库区港口经济活动对库区社会经济的贡献越来越大。

主要结论：三峡工程竣工蓄水后，库区港口经济占比较高且在逐年提高，一方面说明港口经济活动对库区社会经济活动的贡献较大，另一方面说明随着经济发展，港口经济活动对库区社会经济的贡献越来越大。

4. 典型区域港口经济及其占比分析

代表港口经济或港口业直接贡献的指标为港口业增加值，但各区域统计年鉴或统计公报均未将港口业单独立项进行统计，从港口货物吞吐量占比分析可知，典型区域港口货物吞吐量或水上运输量占交通运输总量的比例近 50%，因此分析交通运输、仓储、邮政业增加值及其在区域经济中的占比，可以从价值量的角度分析港口经济对区域经济的贡献。由于湖北省秭归县和重庆市万州区的有关数据不全，本小节只针对涪陵区与重庆市全市的有关数据展开分析。表 7.2.10 为典型区域港口业经济（交通运输、仓储、邮政业增加值）及其占比情况。

表 7.2.10　典型区域港口业经济及其占比情况

年份	涪陵区			重庆市全市		
	交通运输、仓储、邮政业增加值/亿元	占第三产业增加值比重/%	占地区生产总值比重/%	交通运输、仓储、邮政业增加值/亿元	占第三产业增加值比重/%	占地区生产总值比重/%
2003	8.24	17.66	7.12	167.22	15.46	6.54
2004	10.00	18.33	7.41	190.62	15.46	6.25
2005	14.72	21.97	9.16	218.97	15.15	6.28
2006	17.83	22.88	9.62	259.59	15.68	6.61
2007	20.91	22.39	8.93	293.63	14.54	6.25
2008	27.17	23.62	8.70	377.32	14.29	6.49
2009	29.62	22.59	8.34	427.88	14.28	6.52

年份	涪陵区			重庆市全市		
	交通运输、仓储、邮政业增加值/亿元	占第三产业增加值比重/%	占地区生产总值比重/%	交通运输、仓储、邮政业增加值/亿元	占第三产业增加值比重/%	占地区生产总值比重/%
2010	34.24	23.13	7.88	501.47	13.46	6.30
2011	40.98	23.56	7.35	592.24	12.54	5.89
2012	46.92	23.27	7.44	604.08	11.36	5.27
2013	50.06	23.49	7.25	659.65	11.01	5.14
2014	51.25	21.06	6.77	705.83	10.54	4.93
2015	52.48	19.57	6.45	761.31	10.11	4.82
2016	56.23	18.79	6.27	848.22	9.93	4.80
2017	61.05	18.67	6.15	939.46	9.82	4.84
2018	—	—	—	995.48	9.34	4.89

资料来源：《涪陵统计年鉴》《重庆统计年鉴》。

从表 7.2.10 中数据可以看出，涪陵区交通运输、仓储及邮政业增加值占第三产业增加值的比重稳定在 20% 左右，占整个区域生产总值的比重也稳定在 6.15%~9.62%，而代表港口运输量的水上运输量占交通运输量的比重高达 50%，这些表明港口业对涪陵区社会经济有重要的直接贡献。

重庆市全市交通运输、仓储及邮政业增加值占第三产业增加值的比重稳定在 9.34%~15.68%，近几年有所下降，占整个区域生产总值的比重也稳定在 4.80%~6.61%。这表明，从全市的角度看，港口业对重庆市全市社会经济发展有相当大的直接贡献。

5. 典型区域港口业直接就业人数统计分析

直接就业人数在一定程度上反映港口业对区域社会经济的直接贡献，表 7.2.11 中列出了典型区域港口业的直接就业人数。

表 7.2.11　典型区域港口业直接就业人数　（单位：人）

年份	秭归县	涪陵区	万州区
2005	326	3 246	—
2006	324	3 012	—
2007	325	2 782	—
2008	342	2 471	—
2009	348	2 215	—
2010	353	2 183	1 045
2011	350	1 592	1 098
2012	360	1 467	1 030

续表

年份	秭归县	涪陵区	万州区
2013	362	1 328	1 070
2014	364	1 328	1 135
2015	360	1 325	1 244
2016	297	1 323	1 185
2017	305	1 314	1 286
2018	—	1 320	1 304
年均增长率/%	-0.55	-7.22	2.81

数据来源：秭归县港航管理局、涪陵区港航管理局、万州区港口航务管理局。

从 2005 年至 2018 年，湖北省秭归县港口业直接就业人数基本稳定，重庆市涪陵区港口业直接就业人数有较大幅度的下降，2010~2018 年万州区港口业直接就业人数略有增加，这些变化表明，由于技术进步，港口运行效率不断提高，港口业对区域就业人数的贡献有所下降。

7.2.3　基于投入产出法的港口岸线资源开发利用效益评价

本小节利用第 4 章介绍的投入产出法对典型港口岸线和典型区域港口岸线资源开发利用的经济效益进行计算，以量化分析港口岸线资源开发利用对区域经济发展的直接和间接贡献。

1. 含港口业投入产出表的建立

各地区（省）逢年末号 2 和 7 时编制一次投入产出表，本章使用的投入产出表为 2012 年的投入产出表。重庆市于 2007 年编制过 144 个部门的投入产出表，其中将水上运输业单独立项编列，从 2007 年以后，全国多数地方就不再编制 144 个部门（或 122 个部门）的投入产出表，因此 2012 年的投入产出表并未将港口业单独立项编列，需要对重庆市 2012年投入产出表进行处理，建立含港口业的投入产出表。

处理原则与方法：①在 2007 年投入产出表的基础上，考虑水上运输业、仓储业、其他运输业、装卸配送业、建筑业等对港口业的贡献系数（王利和李白艳，2012），获得港口业在交通运输、仓储及邮政业的比例系数，用该比例系数从 2012 年投入产出表中分离出港口业相关数据；②保留第一产业和建筑业，合并第二产业（除建筑业）并取名工业，独立出港口业，合并除港口业外的第三产业。经上述处理后，建立 2012 年重庆市含港口业的投入产出表如表 7.2.12 所示。

表 7.2.12　重庆市含港口业的投入产出表（2012 年）　　　（单位：元）

项目		中间使用					中间使用合计	最终消费支出合计	进出口及其他	总产出
		农业	工业	建筑业	港口业	第三产业				
中间投入	农业	2 583 279	4 937 698	40 607	7 022	666 048	8 234 654	5 344 877	440 852	14 020 383
	工业	1 435 825	95 566 956	27 191 457	2 844 910	6 971 491	134 010 639	17 357 627	12 547 835	163 916 101
	建筑业	966	87 896	435 186	34 242	192 476	750 766	436 623	42 037 411	43 224 800
	港口业	27 114	830 886	395 112	123 882	398 780	1 775 774	323 982	201 004	2 300 760
	第三产业	573 099	12 682 564	3 223 752	905 046	11 974 372	29 358 833	30 467 391	6 935 384	66 761 608
中间投入合计		4 620 283	114 106 000	31 286 114	3 915 102	20 203 167	—	53 930 500		
劳动者报酬		9 081 400	17 789 414	5 274 810	1 235 043	17 213 657	—	—	—	—
生产税净额		38 500	9 534 285	1 335 176	278 225	6 159 175	—	—	—	—
固定资产折旧		280 200	6 587 275	411 814	349 358	4 829 642	—	—	—	—
营业盈余		0	15 899 126	2 323 398	818 688	14 060 312	—	—	—	—
增加值合计		9 400 100	49 810 100	9 345 198	2 681 314	42 262 786	—	—	—	—
总投入		14 020 383	163 916 100	40 631 312	6 596 416	62 465 953				

2. 有关参数计算

直接消耗矩阵为

$$A = (a_{ij})_{n \times n} = \begin{pmatrix} 0.184\,3 & 0.030\,1 & 0.001\,0 & 0.001\,1 & 0.010\,7 \\ 0.102\,4 & 0.583\,0 & 0.669\,2 & 0.431\,3 & 0.111\,6 \\ 0.000\,1 & 0.000\,5 & 0.010\,7 & 0.005\,2 & 0.003\,1 \\ 0.001\,9 & 0.005\,1 & 0.009\,7 & 0.018\,8 & 0.006\,4 \\ 0.040\,9 & 0.077\,4 & 0.079\,3 & 0.137\,2 & 0.191\,7 \end{pmatrix}$$

$$(I - A)^{-1} = \begin{pmatrix} 1.239\,5 & 0.095\,8 & 0.069\,0 & 0.048\,1 & 0.030\,2 \\ 0.336\,0 & 2.506\,8 & 1.736\,9 & 1.162\,6 & 0.366\,4 \\ 0.000\,6 & 0.002\,2 & 1.012\,7 & 0.006\,9 & 0.004\,2 \\ 0.004\,8 & 0.014\,8 & 0.020\,9 & 1.027\,2 & 0.010\,3 \\ 0.095\,7 & 0.247\,5 & 0.272\,7 & 0.288\,8 & 1.275\,9 \end{pmatrix}$$

完全消耗矩阵为

$$B = (I - A)^{-1} - I = \begin{pmatrix} 0.239\,5 & 0.095\,8 & 0.069\,0 & 0.048\,1 & 0.030\,2 \\ 0.336\,0 & 1.506\,8 & 1.736\,9 & 1.162\,6 & 0.366\,4 \\ 0.000\,6 & 0.002\,2 & 0.012\,7 & 0.006\,9 & 0.004\,2 \\ 0.004\,8 & 0.014\,8 & 0.020\,9 & 0.027\,2 & 0.010\,3 \\ 0.095\,7 & 0.247\,5 & 0.272\,7 & 0.288\,8 & 0.275\,9 \end{pmatrix}$$

劳动者报酬系数向量 A_v、生产税净额系数向量 A_w、固定资产折旧系数向量 A_e、营

业盈余系数向量 A_m、增加值系数向量 A_u 为

$$\begin{pmatrix} A_v \\ A_w \\ A_e \\ A_m \\ A_u \end{pmatrix} = \begin{pmatrix} 0.6477 & 0.1085 & 0.1298 & 0.1872 & 0.2756 \\ 0.0027 & 0.0582 & 0.0329 & 0.0422 & 0.0986 \\ 0.0200 & 0.0402 & 0.0101 & 0.0530 & 0.0773 \\ 0.0000 & 0.0970 & 0.0572 & 0.1241 & 0.2251 \\ 0.6705 & 0.3039 & 0.2300 & 0.4065 & 0.6766 \end{pmatrix}$$

3. 港口业单位产值贡献

直接贡献为

$$R_{G_1} = A_u \Delta X$$

指港口业单位产值对地区生产总值的贡献，因此在上述公式中令 $\Delta X = (0,0,0,1,0)^T$，则有

$$R_{G_1} = A_u \Delta X = (0.6705, 0.3039, 0.2300, 0.4065, 0.6766) \cdot (0,0,0,1,0)^T = 0.4065$$

即 1 元港口业产值对地区生产总值的贡献为 0.406 5 元。

间接贡献 1：后向乘数效益为

$$R_{G_{21}} = A_u B \Delta X = A_u [(I-A)^{-1} - I] \Delta X = 0.5935$$

间接贡献 2：前向乘数效益为

$$\Delta X_i' = (2.1255, 24.8493, 6.1596, 0.0000, 9.4697)$$

$$R_{G_{22}} = A_u (I-A)^{-1} \Delta X' = 16.7998$$

间接贡献 3：消费者乘数效益为

$$c = \sum Y_j / \sum u_j = 53\,930\,500 / 113\,499\,498 = 0.4752$$

$$R_{G_{23}} = (R_{G_1} + R_{G_{21}} + R_{G_{22}}) \frac{c}{1-c} = 16.1175$$

间接贡献总和为

$$R_{G_2} = R_{G_{21}} + R_{G_{22}} + R_{G_{23}} = 33.5108$$

总贡献为

$$R_G = R_{G_1} + R_{G_2} = 33.9173$$

4. 典型港口岸线资源开发利用效益估算

以典型港口码头的 2018 年营业收入为产值，按照投入产出法算出的单位港口业产出贡献值，估算典型港口岸线资源开发利用的经济效益，具体计算如表 7.2.13 所示。

表 7.2.13　典型港口岸线资源开发利用效益估算

港口名称	岸线长度 /km	营业收入 /亿元	直接效益 /（亿元/a）	间接效益 /（亿元/a）	总效益 /（亿元/a）
交运纳溪沟港	0.670	1.400	0.57	46.91	47.48
东港滚装码头	1.200	0.960	0.39	32.17	32.56
重庆东港集装箱码头	1.100	0.480	0.20	16.08	16.28

续表

港口名称	岸线长度/km	营业收入/亿元	直接效益/（亿元/a）	间接效益/（亿元/a）	总效益/（亿元/a）
重庆港涪陵港区黄旗作业区一期	0.736	0.330	0.13	11.06	11.19
珍溪码头装卸有限公司珍溪码头	0.150	0.002	0.00	0.07	0.07
涪陵特固建材码头	0.140	0.026	0.01	0.87	0.88
万州港红溪沟港区一期	0.215	1.040	0.42	34.85	35.27
重庆苏商港口物流有限公司桐子园码头	0.315	0.270	0.11	9.05	9.16
重庆港万州港区江南沱口作业区一期	0.230	0.600	0.24	20.10	20.34
秭归县佳鑫港口	0.288	0.070	0.03	2.35	2.38
秭归县银杏沱滚装码头	0.518	0.210	0.09	7.04	7.13
秭归县福广码头	0.328	0.310	0.13	10.39	10.52
合计	5.890	5.698	2.32	190.94	193.26
单位岸线长度效益/[亿元/（km·a）]	—	0.970	0.39	32.42	32.81

数据来源：营业收入由各业主单位提供。

从实地考察的 12 个典型港口岸线效益估计情况来看，单位岸线开发利用直接效益为 0.39 亿元/（km·a），间接效益为 32.42 亿元/（km·a），总效益为 32.81 亿元/（km·a）。间接效益远大于直接效益，理论依据是，港口业属于自动化、机械化程度高的行业，其投入需求向后拉动包括其他物流运输行业、建筑业、建筑材料业、能源业等行业的生产扩张，其中很多是劳动密集型行业，这些行业的扩张能带动消费需求的增长，从而带来巨大的向后拉动效益和消费者乘数效益。

5. 典型区域港口岸线资源开发利用效益估算

作者团队从秭归县港航管理局和重庆市万州区港口航务管理局收集到了港口业营业收入情况，因此本书以湖北省秭归县和重庆市万州区为典型区域进行区域港口岸线资源开发利用效益计算，计算依据如下：①基于投入产出法的港口业单位产出直接贡献和间接贡献；②2017 年秭归县和万州区港口业营业收入。具体计算如表 7.2.14 所示。

表 7.2.14　典型区域港口岸线资源开发利用效益估算

典型区域	港口岸线长度/km	营业收入/亿元	直接效益/（亿元/a）	间接效益/（亿元/a）	总效益/（亿元/a）	单位岸线长度效益/[亿元/（km·a）]	占生产总值比重/%
秭归县	6.610	0.645 0	0.26	21.613	21.873	3.31	17.94
万州区	5.826	3.567 4	1.45	119.540	120.990	20.77	12.53
平均						11.49	13.14

表 7.2.14 中成果说明：①典型区域港口岸线资源开发利用所产生的效益非常显著，秭归县港口岸线资源开发利用效益占其生产总值的比重为 17.94%，重庆市万州区港口岸线资源开发利用效益占其生产总值的比重为 12.53%，平均为 13.14%。②从典型区域港口岸线效益估算的结果看，单位岸线长度开发利用效益的加权平均值为 11.49 亿元/（km·a），小于典型港口岸线资源开发利用效益的平均值 32.81 亿元/（km·a），这是因为典型港口岸线多为公用港口岸线，而区域港口岸线则包含专用及其他岸线。

6. 三峡库区港口岸线资源开发利用总效益估算

以上述估算成果为基础，可初步估算三峡库区港口岸线资源开发利用的整体效益情况，由于港口岸线的清理整合，近几年库区港口岸线长度有所下降，故用港口岸线资源开发利用占地区生产总值的比重来估计三峡库区港口岸线资源开发利用的整体效益较为合理。表 7.2.15 为具体估算情况。

表 7.2.15　三峡库区港口岸线资源开发利用效益估算

项目	2018 年地区生产总值/亿元	港口岸线利用效益占生产总值平均比重/%	港口岸线利用效益/（亿元/a）
库区重庆市段	8 078.55	13.14	1 061.521
库区湖北省段	939.55	13.14	123.457
合计（三峡库区）	9 018.10	13.14	1 184.978

表 7.2.15 中成果说明：依据投入产出法初步计算出的三峡库区港口岸线资源开发利用的整体效益为 1 184.978 亿元/a，其中库区重庆市段整体效益为 1 061.521 亿元/a，库区湖北省段整体效益为 123.457 亿元/a。

7.3　防洪护岸及生态整治工程岸线保护效益评价

以防洪护岸与生态整治工程岸线保护效益评价指标和评价方法为基础，对库区部分典型护岸工程岸线展开效益评价实践。

7.3.1　典型防洪护岸及生态整治工程岸线项目基本情况

本小节在湖北省秭归县，重庆市万州区、涪陵区和主城区共选择了 13 个典型工程岸线，其中有 4 个防洪护岸工程岸线和 9 个生态整治工程岸线，典型岸线的基本情况如表 7.3.1 所示。

表 7.3.1　典型防洪护岸及生态整治工程岸线基本情况

序号	工程名称	地区	工程类型	岸线长度/m	建成年份	总投资/亿元	结构形式
1	秭归县县城凤凰山岸线环境综合整治配套工程	秭归县	生态整治	1 500*	2018	0.17	混合
2	秭归县凤凰山至木鱼岛库岸综合整治工程	秭归县	生态整治	2 570*	2017	0.90	斜坡
3	秭归县木鱼岛至尖棚岭库岸环境整治工程	秭归县	生态整治	2 810*	2018	1.64	斜坡
4	万州区陈家坝防洪护岸综合整治工程	万州区	防洪护岸	2 805	2006	2.18	直立+斜坡
5	万州区明镜滩岸线综合整治工程	万州区	生态整治	1 080#	2015	1.91	斜坡
6	黄泥包至万一中段消落区生态环境整治工程	万州区	生态整治	1 333#	2010	1.20	斜坡
7	长江二桥至密溪沟段生态库岸综合整治工程	万州区	生态整治	680	2017	0.90	直立+斜坡
8	长江北岸移民安置区护岸及基础设施配套工程	涪陵区	生态整治	3 450#	2012	3.90*	斜坡
9	长江乌江汇合口东岸防洪护岸综合整治工程（一、二期）	涪陵区	防洪护岸	3 345#	2012/2013	11.20	直立+斜坡
10	南岸区南滨路六期工程（警备区机关新营区延伸段）	南岸区	防洪护岸	1 150	2011	3.35	斜坡
11	南岸区滨江路弹子石广场工程	南岸区	生态整治	495.67	2017	—	直立+斜坡
12	嘉滨路和长滨路连接段防洪护岸综合治理工程	渝中区	防洪护岸	649.2#	2017	—	斜坡
13	黄花园大桥至大佛寺大桥岸线综合整治工程	江北区	生态整治	5 106#	2009	—	直立+斜坡

注：带"*"的数据来自可研报告；带"#"的数据来自水利部长江水利委员会资料清单统计数据；未填数字的空格表示该数据从当前资料中未找到；其余数据来自调查表。

7.3.2　基于指标体系的效益评价

对照防洪护岸与生态整治工程岸线评价指标体系，对典型岸线的效益进行分析评价。

1. 防洪护岸工程岸线防洪效益

按照本小节的定义，防洪护岸工程防洪效益指标包括保护区面积、人口、地区生产总值及增加的开发土地面积。表 7.3.2 为本小节选择的 4 个防洪护岸工程岸线的防洪效益表现情况。

表 7.3.2　典型防洪护岸工程岸线防洪效益

工程名称	岸线长度/m	2017 年保护区社会经济指标			增加的开发土地面积/亩
		面积/km²	人口/万人	地区生产总值/亿元	
万州区陈家坝防洪护岸综合整治工程	2 805.0	10.0*	3.40*	48.50	615.0*
长江乌江汇合口东岸防洪护岸综合整治工程（一、二期）	3 345.0	3.0#	4.26#	26.15	403.0*
南岸区南滨路六期工程（警备区机关新营区延伸段）	1 150.0	2.0	2.20	—	106.3*
嘉滨路和长滨路连接段防洪护岸综合治理工程	649.2	3.5	7.00	717.00	—
合计	7 949.2	18.5	16.86	791.65	1 124.3

注：带"*"的数据来自可研报告；带"#"的数据来自调研表；未填数字的空格表示该数据从当前资料中未找到；其余数据来自统计年鉴或百度；1 亩≈666.67 m²。

表 7.3.2 中所列出的 4 个防洪护岸工程对应的保护区社会经济发展水平均较高，特别是重庆市渝中区的嘉滨路和长滨路连接段防洪护岸综合治理工程，其保护区为重庆市解放碑商圈，社会经济发展水平非常高。平均来看，每千米岸线保护面积 2.33 km²，每千米岸线保护人口 2.12 万人，每千米岸线保护地区生产总值 99.59 亿元，每千米岸线增加开发面积 141.44 亩。

2. 防洪护岸与生态整治工程岸线生态环境效益

根据第 4 章的定义，三峡库区防洪护岸与生态整治工程岸线生态环境效益指沿岸防洪护岸与生态整治工程所产生的水土保持效益和自然环境改善效益。其中，水土保持效益指防洪护岸与生态整治工程减少水土流失、减轻河流淤积、保持库岸稳定所产生的社会经济效益，其效益指标为防洪护岸与生态整治工程的水土保持面积和减少的水土流失数量。自然环境改善效益指防洪护岸与生态整治工程改善自然环境所产生的社会经济效益，其效益指标为绿地面积的增加、自然景观的改善、休闲娱乐环境的改善及交通条件的改善等，其中自然景观的改善、休闲娱乐环境的改善、交通条件的改善等主观感受指标难以量化，也可作为影响评价指标放在后面描述。因此，这里重点用防洪护岸与生态整治工程岸线减少的水土流失量和增加的绿地面积描述其生态环境效益。

（1）基于指标的水土保持效益。实地考察表明：三峡库区防洪护岸与生态整治工程质量可靠，工程实施后岸线稳定，护岸效果好，起到了非常好的水土保持作用，本小节以各工程的水土保持面积和减少的水土流失量为其水土保持效益。表 7.3.3 为典型防洪护岸与生态整治工程的水土保持效益情况。在所考察的 13 个典型工程中，平均水土保持宽度为 45.38 m，平均每千米岸线减少的水土流失量为 4 367.11÷26.973 87＝161.9（t/a）。

表 7.3.3　典型防洪护岸与生态整治工程的水土保持效益

工程名称	地区	工程长度/m	水土保持宽度/m	水土保持面积/m²	土壤侵蚀模数/[t/（km²·a）]	减少的水土流失量/（t/a）
秭归县县城凤凰山岸线环境综合整治配套工程	湖北省秭归县	1 500.00	40	60 000.00	4 259	255.54
秭归县凤凰山至木鱼岛库岸综合整治工程	湖北省秭归县	2 570.00	70*	179 900.00	4 259	766.19
秭归县木鱼岛至尖棚岭库岸环境整治工程	湖北省秭归县	2 810.00	70*	196 700.00	4 259	837.75
万州区陈家坝防洪护岸综合整治工程	重庆市万州区	2 805.00	30	84 150.00	3 292	277.02
万州区明镜滩岸线综合整治工程	重庆市万州区	1 080.00	80*	86 400.00	3 292	284.43
黄泥包至万一中段消落区生态环境整治工程	重庆市万州区	1 333.00	50	66 650.00	3 292	219.41
长江二桥至密溪沟段生态库岸综合整治工程	重庆市万州区	680.00	35	23 800.00	3 292	78.35
长江北岸移民安置区护岸及基础设施配套工程	重庆市涪陵区	3 450.00	58*	200 100.00	3 077	615.71
长江乌江汇合口东岸防洪护岸综合整治工程（一、二期）	重庆市涪陵区	3 345.00	37*	123 765.00	3 077	380.82
南岸区南滨路六期工程（警备区机关新营区延伸段）	重庆市南岸区	1 150.00	30	34 500.00	1 960	67.62
南岸区滨江路弹子石广场工程	重庆市南岸区	495.67	10	4 956.70	1 960	9.72
嘉滨路和长滨路连接段防洪护岸综合治理工程	重庆市渝中区	649.20	30	19 476.00	2 091	40.72
黄花园大桥至大佛寺大桥岸线综合整治工程	重庆市江北区	5 106.00	50	255 300.00	2 091	533.83
合计		26 973.87	—	1 335 697.70	—	4 367.11
平均		—	45.38	—	—	—

资料来源：水土保持宽度中带"*"的数据根据可研报告中的设计图估算得到；水土保持面积为现场勘测估算值；减少的水土流失量由各地土壤侵蚀模数乘以水土保持面积计算得到。

（2）基于指标的环境改善效益。根据本小节定义，环境改善指标包括增加的绿地面积、增加的休闲娱乐场所及交通条件的改善，其中增加的绿地面积是可量化的指标。表7.3.4 为典型防洪护岸与生态整治工程增加的绿地面积情况。

表 7.3.4　典型防洪护岸与生态整治工程的生态环境效益

工程名称	地区	护岸材料	工程长度/m	绿地宽度/m	绿地面积/m²
秭归县县城凤凰山岸线环境综合整治配套工程	湖北省秭归县	植生型	1 500.00	20.00	30 000
秭归县凤凰山至木鱼岛库岸综合整治工程	湖北省秭归县	植生型	2 570.00	15.00	38 550
秭归县木鱼岛至尖棚岭库岸环境整治工程	湖北省秭归县	部分植生型	2 810.00	15.00	42 150
万州区陈家坝防洪护岸综合整治工程	重庆市万州区	部分植生型	2 805.00	30.30	85 000*
万州区明镜滩岸线综合整治工程	重庆市万州区	植生型	1 080.00	19.44	21 000*
黄泥包至万一中段消落区生态环境整治工程	重庆市万州区	植生型	1 333.00	49.96	66 600*
长江二桥至密溪沟段生态库岸综合整治工程	重庆市万州区	植生型	680.00	2.21	1 500*
长江北岸移民安置区护岸及基础设施配套工程	重庆市涪陵区	植生型	3 450.00	30.00	103 500
长江乌江汇合口东岸防洪护岸综合整治工程（一、二期）	重庆市涪陵区	部分植生型	3 345.00	15.00	50 175
南岸区南滨路六期工程（警备区机关新营区延伸段）	重庆市南岸区	部分植生型	1 150.00	10.00	11 500
南岸区滨江路弹子石广场工程	重庆市南岸区	部分植生型	495.67	4.99	2 475*
嘉滨路和长滨路连接段防洪护岸综合治理工程	重庆市渝中区	非植生型	649.20	0.00	0.00
黄花园大桥至大佛寺大桥岸线综合整治工程	重庆市江北区	植生型	5 106.00	29.96	153 000*
合计			26 973.87	—	605 450
平均			—	18.60	—

资料来源：绿地面积中带"*"的数据来自调查数据表，其余为现场勘测估算值。

表 7.3.4 中信息表明：在所考察的 13 个典型工程中，绝大多数工程的护岸材料为植生型，平均绿地宽度为 18.60 m，增加的绿地面积总和为 605 450 m^2，平均每千米岸线绿地面积为 22 445.80 m^2。

7.3.3 基于量化方法的效益评价

以第 4 章防洪护岸与生态整治工程岸线保护效益的量化计算方法为基础，对典型工程岸线保护的效益进行量化计算。

1. 案例研究

由于资料收集较齐全，本小节选择涪陵区长江乌江汇合口东岸防洪护岸综合整治工程为案例进行计算分析。

1）岸线背景及概况

重庆市涪陵区长江乌江汇合口东岸防洪护岸综合整治工程位于涪陵区长江、乌江汇合口东岸，下游与已建长江涪陵区污水处理厂护岸顺接，上游端止于磨盘沟，全长 3 345 m。工程任务是：以有效治理消落带、改善消落带环境、根治滑坡、稳定库岸、改善移民安置条件、提高江东城区的防洪能力为主，兼有改善城市交通、确保水陆交通干线畅通、推动城市建设、促进城市发展及生态环境的改善等综合效益。工程实施后具有较大的经济和社会效益，可将涪陵区江东城区的防洪标准提高到 50 年一遇，满足城区经济建设对防洪护岸的要求及人民正常生活的需要；改善鄞州区的旅游投资环境；整治长江、乌江岸线，美化城区环境，提供城市建设用地，增加移民安置容量；改善城区交通条件。

2）防洪效益估算

（1）减灾效益。采用损失频率曲线法计算岸线保护的防洪减灾效益。根据 2003 年涪陵区人民政府提供的洪灾损失调查表，该岸线段的洪水损失频率关系如表 7.3.5 所示。

表 7.3.5 长江乌江汇合口段洪水损失频率关系表（2003 年价格水平）

洪水频率 p	损失值/亿元
0.2（5 年一遇）	0.170 3
0.1（10 年一遇）	0.254 4
0.05（20 年一遇）	0.424 5

根据减灾效益的模型假设，无防洪工程时的损失频率曲线为指数函数，函数形式为 $L(p) = a\mathrm{e}^{-\lambda p}$，以表中数据为基础，得到如图 7.3.1 所示的洪水损失频率曲线。

从图 7.3.1 中拟合情况可知，该岸线无防洪工程时的洪水损失频率曲线为

$$L(p) = 0.518\,8\mathrm{e}^{-5.801p}$$

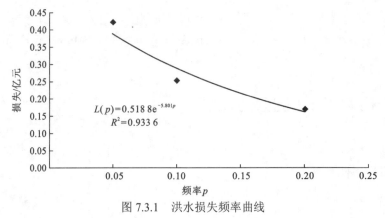

图 7.3.1　洪水损失频率曲线

这样用如下公式可计算出该防洪护岸工程的防洪减灾效益：

$$R_{F_1} = \int_{P_b}^{1} a\mathrm{e}^{-\lambda p}\mathrm{d}p = \frac{a}{\lambda}(\mathrm{e}^{-\lambda P_b} - \mathrm{e}^{-\lambda})$$

该工程的防洪标准为 50 年一遇，即 $P_b = 0.02$，并将 $a = 0.5188$，$\lambda = 5.801$ 代入公式计算得到该岸线工程的多年平均防洪减灾效益：

$$R_{F_1} = \frac{0.5188}{5.801}(\mathrm{e}^{-5.801 \times 0.02} - \mathrm{e}^{-5.801}) = 0.07937\,(亿元/a)$$

考虑资金的时间价值，以过去 15 年全国通货膨胀率为基础，采用 3% 的年均增长速度，将该减灾效益折算到 2018 年，有

$$R_{F_1} = 0.07937 \times (1 + 3\%)^{15} = 0.1237\,(亿元/a) = 1237\,(万元/a)$$

（2）开发效益。根据相关资料，长江乌江汇合口东岸防洪护岸综合整治工程新增建设用地 403 亩。查询涪陵区公共资源交易中心可知，2018 年乌江东岸两块土地的交易均价为 336 万元/亩，考虑将效益在 20 年内分摊，故开发效益为

$$R_{F_2} = 403 \times 336 \div 20 = 6770.4\,(万元/a)$$

3）生态环境效益估算

（1）水土保持效益。水土保持效益由两部分组成：一是水土流失的减少对库岸稳定产生的效益，可用节约的库岸修复等工程费用来表示；二是减少的水库泥沙淤积所产生的效益，用节约的清淤费来表示。

①库岸稳定效益估算。岸线保护会减少水土流失，从而减小库岸滑坡的概率，库岸稳定效益是指岸线保护节约的岸线滑坡治理费用。不同的岸线，地质条件不同，有数据资料的岸线稳定效益可取历史滑坡治理费用的年平均值。本岸线无相关历史数据，采用三峡库区滑坡治理费用的平均值。据南方都市报 2010 年 3 月 5 日《深度周刊》报道，从 2001 年到 2010 年，三峡库区滑坡治理费用约为 120 亿元，以库区干支流岸线长度 5710 km 计，在 10 年内分摊，单位岸线长度的滑坡治理费用为 21.02 万元/（km·a）。以此为基础，可估算本岸线库岸稳定效益为

$$R_{WD} = 21.02 \times 3.345 = 70.31\,(万元/a)$$

②减淤效益估算。根据第 4 章的计算方法，计算公式为

$$R_{JY} = I_{JY} \times W_S \div rz$$

根据 4.2.4 小节，计算减淤效益如下：

$$R_{JY} = 19.95 \times 380.82 \div 1.25 \div 10\,000 = 0.61\,(万元/a)$$

减淤效益为

$$R_{S1} = 70.31 + 0.61 = 70.92\,(万元/a)$$

（2）环境改善效益计算。环境改善效益的计算需基于绿地面积的增加量（S_L），通过现场调研得知 $S_L = 5.02\,hm^2$，在此基础上计算绿地的固碳效益、制氧效益、吸收 SO_2 效益、滞尘降尘效益和气候调节效益。

①绿地固碳效益。采用碳税法计算工程绿地的固碳价值，具体公式为

$$R_{GT} = 0.272\,7 \times W_{CO_2} \times S_L \times C_{GT}$$

根据 4.2.4 小节，有

$$R_{GT} = 0.272\,7 \times 16 \times 5.02 \times 1050 / 10\,000 = 2.3\,(万元/a)$$

② 绿地制氧效益。采用工业制氧法或造林成本法计算该工程绿地的制氧效益，公式为

$$R_{ZY} = W_{O_2} \times S_L \times C_{ZY}$$

根据 4.2.4 小节，有

$$R_{ZY} = 12 \times 5.02 \times 900 / 10\,000 \approx 5.42\,(万元/a)$$

③ 绿地吸收 SO_2 效益。绿地吸收 SO_2 效益的计算公式为

$$R_{SO_2} = W_{SO_2} \times S_L \times C_{SO_2}$$

根据 4.2.4 小节，有

$$R_{SO_2} = 0.140 \times 5.02 \times 600 \div 10\,000 = 0.04\,(万元/a)$$

④ 绿地滞尘降尘效益。工程绿地滞尘降尘效益的计算公式为

$$R_{ZCJC} = W_{ZCJC} \times S_L \times C_{ZCJC}$$

则有

$$R_{ZCJC} = 10.9 \times 5.02 \times 170 \div 10\,000 = 0.93\,(万元/a)$$

⑤ 绿地气候调节效益。根据 4.2.4 小节，计算乌江东岸防洪护岸工程绿地气候调节效益如下：

$$R_{QHDJ} = 15.2 \times 5.02 = 76.3\,(万元/a)$$

⑥ 绿地其他效益。库区防洪护岸与生态整治工程的其他效益包括旅游增效、娱乐休闲活动增加、交通条件改善，此外，工程增加的绿地还能降低噪声、减少细菌传播、涵养水源等。这些效益难以具体计算，本小节采用系数法近似估计这些效益，即

$$R_{QT} = 0.2(R_{GT} + R_{ZY} + R_{SO_2} + R_{ZCJC} + R_{QHDJ})$$
$$= 0.2 \times (2.3 + 5.42 + 0.04 + 0.93 + 76.3)$$
$$= 17.00\,(万元/a)$$

环境改善总效益为

$$R_{S2} = R_{GT} + R_{ZY} + R_{SO_2} + R_{ZCJC} + R_{QHDJ} + R_{QT} = 101.99\,(\text{万元/a})$$

（3）生态环境总效益

$$R_{ST} = R_{S1} + R_{S2} = 70.92 + 101.99 = 172.91\,(\text{万元/a})$$

（4）岸线保护效率指标计算。利用上述有关数据可计算涪陵区长江乌江汇合口东岸防洪护岸工程岸线的有关效率指标，具体如表 7.3.6 所示。

表 7.3.6　长江乌江汇合口东岸防洪护岸工程岸线保护效率指标值

效益指标	指标数值	计算基础数据
单位岸线长度水土保持效益	21.20 万元/(km·a)	
单位绿地面积环境改善效益	20.33 元/(m²·a)	岸线长度为 3.345 km，
单位岸线长度防洪效益	2 393.84 万元/(km·a)	水土保持面积为 123 765 m²，
单位岸线长度生态环境效益	51.69 万元/(km·a)	绿地面积为 5.02 hm²
单位岸线长度总效益	2 445.53 万元/(km·a)	

（5）岸线保护效益分析与评价。将工程所获得的各项指标数据与计算所得各效益大小总结成如表 7.3.7 所示的汇总表。

表 7.3.7　长江乌江汇合口东岸防洪护岸综合整治工程效益汇总表

项目	二级指标	参数指标	
防洪效益 （8 007.4 万元/a）	减灾效益 （1 237 万元/a）	保护区面积（3 km²）	
		保护区生产总值（26.15 亿元）	
		保护区人口（42 600 人）	
	开发效益 （6 770.4 万元/a）	增加的可开发土地面积（403 亩）	
		带动土地增值 （房价工程前为 1 500 元，工程后为 5 000 元）	
生态环境效益 （172.91 万元/a）	水土保持效益 （70.92 万元/a）	水土流失减少 （380.82 t/a）	减少泥沙淤积价值 （0.61 万元/a）
		库岸稳定效益	节约水利工程费用 （70.31 万元/a）
	环境改善效益 （101.99 元/a）	绿地面积增加 （5.02 hm²）	固碳价值 （2.3 万元/a）
			制氧价值 （5.43 万元/a）

续表

项目	二级指标	参数指标		
生态环境效益 （172.91 万元/a）	环境改善效益 （101.99 元/a）	绿地面积增加 （5.02 hm²）	吸收 SO₂ 价值 （0.04 万元/a）	
			滞尘降尘价值 （0.93 万元/a）	
			气候调节价值 （76.3 万元/a）	
		绿地其他效益	景观改善 （旅游增效）	17.00 万元/a
			休闲娱乐场所增加 交通条件改善	
岸线保护效益 （岸线总长 3 345 m）	单位岸线长度水土保持效益	21.20 万元/（km·a）		
	单位绿地面积环境改善效益	20.32 元/（m²·a）		
	单位岸线长度防洪效益	2 393.84 万元/（km·a）		
	单位岸线长度生态环境效益	51.69 万元/（km·a）		
	单位岸线长度总效益	2 445.53 万元/（km·a）		

2. 典型防洪护岸与生态整治工程岸线保护效益估算

利用案例研究获得的效率数据，结合各典型工程岸线的实际情况，定量估计其他资料较为齐全的典型工程岸线的效益。

1）典型防洪护岸工程岸线的防洪效益估算

资料较为齐全的防洪护岸工程岸线有涪陵区长江乌江汇合口东岸防洪护岸综合整治工程岸线、万州区陈家坝防洪护岸综合整治工程岸线和南岸区南滨路六期工程（警备区机关新营区延伸段）岸线。

（1）涪陵区长江乌江汇合口东岸防洪护岸综合整治工程岸线防洪效益估算。查阅涪陵区长江乌江汇合口东岸防洪护岸综合整治工程岸线报告可知，以 2006 年价格计，岸线保护防洪减灾效益为 867.6 万元/a，按 3%的增长率考虑，折算到 2018 年，防洪减灾效益为 1 237.0 万元/a。查询涪陵区公共资源交易中心，2018 年涪陵区附近的土地交易均价为336 万元/亩，以长江乌江汇合口东岸防洪护岸综合整治工程岸线增加的 403 亩土地计，在20 年内分摊，长江乌江汇合口东岸防洪护岸综合整治工程岸线的开发效益为 6 770.4 万元/a。

（2）万州区陈家坝防洪护岸综合整治工程岸线防洪效益估算。查阅万州区陈家坝防洪护岸综合整治工程岸线可研报告可知，以 2006 年价格计，岸线保护防洪减灾效益为 264 万元/a，按 3%的增长率考虑，折算到 2018 年，防洪减灾效益为 376.4 万元/a。查询万州区公共资源交易信息中心，2018 年陈家坝附近的土地交易均价为 239 万元/亩，以陈家坝防洪护岸综合整治工程岸线增加的 615 亩土地计，在 20 年内分摊，陈家坝防洪护岸综合整治工程岸线的开发效益为 7 349.3 万元/a。

（3）南岸区南滨路六期工程（警备区机关新营区延伸段）岸线防洪效益估算。查阅南岸区南滨路六期工程（警备区机关新营区延伸段）岸线可研报告可知，以 2006 年价格计，岸线保护防洪减灾效益为 3 476 万元/a，按 3%的增长率考虑，折算到 2018 年，防洪减灾效益为 4 955.9 万元/a。查询南岸区公共资源交易信息中心，2018 年重庆市主城区的土地交易均价为 662 万元/亩，以南滨路六期工程（警备区机关新营区延伸段）岸线增加的 106.3 亩土地计，在 20 年分摊，南滨路六期工程（警备区机关新营区延伸段）岸线的开发效益为 3 518.53 万元/a。

典型防洪护岸工程岸线的防洪效益汇总于表 7.3.8 中。

表 7.3.8 典型防洪护岸工程岸线防洪效益

岸线名称	岸线长度/km	减灾效益/（万元/a）	开发效益/（万元/a）	防洪效益/（万元/a）
长江乌江汇合口东岸防洪护岸综合整治工程岸线	3.345	1 237.0	6 770.4	8 007.4
万州区陈家坝防洪护岸综合整治工程岸线	2.805	376.4	7 349.3	7 725.7
南岸区南滨路六期工程（警备区机关新营区延伸段）岸线	1.150	4 955.9	3 518.5	8 474.4
合计	7.300	6 569.3	17 638.2	24 207.5
平均单位岸线长度效益/[万元/（km·a）]	—	899.9	2 416.2	3 316.1

从三个典型防洪护岸工程岸线的防洪效益估算结果，可初步估计三峡库区防洪护岸工程岸线的单位岸线长度的直接防洪效益，为 3 316.1 万元/（km·a）。

2）典型防洪护岸与生态整治工程岸线生态环境效益估算

以案例分析的成果为基础，估算其他典型防洪护岸与生态整治工程岸线的生态环境效益，估算公式如下：

水土保持效益＝单位岸线长度水土保持效益×岸线长度；

环境改善效益＝单位绿地面积环境改善效益×岸线绿地面积；

生态环境效益＝水土保持效益＋环境改善效益。

计算依据来自案例研究成果：单位岸线长度水土保持效益为 21.20 万元/（km·a），单位绿地面积环境改善效益为 20.33 元/（m²·a）。

计算结果如表 7.3.9 所示。

表 7.3.9　典型防洪护岸与生态整治工程岸线生态环境效益估算结果

岸线名称	岸线长度/km	水土保持效益/（万元/a）	绿地面积/m²	环境改善效益/（万元/a）	生态环境效益/（万元/a）
秭归县县城凤凰山岸线环境综合整治配套工程岸线	1 500.00	31.80	30 000	60.99	92.79
秭归县凤凰山至木鱼岛库岸综合整治工程岸线	2 570.00	54.48	38 550	78.37	132.86
秭归县木鱼岛至尖棚岭库岸环境整治工程岸线	2 810.00	59.57	42 150	85.69	145.26
万州区陈家坝防洪护岸综合整治工程岸线	2 805.00	59.47	85 000	172.81	232.27
万州区明镜滩岸线综合整治工程岸线	1 080.00	22.90	21 000	42.69	65.59
黄泥包至万一中段消落区生态环境整治工程岸线	1 333.00	28.26	66 600	135.40	163.66
长江二桥至密溪沟段生态库岸综合整治工程岸线	680.00	14.42	1 500	3.05	17.47
长江北岸移民安置区护岸及基础设施配套工程岸线	3 450.00	73.14	103 500	210.42	283.56
长江乌江汇合口东岸防洪护岸综合整治工程岸线	3 345.00	70.91	50 175	102.01	172.92
南岸区南滨路六期工程（警备区机关新营营延伸段）岸线	1 150.00	24.38	11 500	23.38	47.76
南岸区滨江路弹子石广场工程岸线	495.67	10.51	2 475	5.03	15.54
嘉滨路和长滨路连接段防洪护岸综合治理工程岸线	649.20	13.76	0	0.00	13.76
黄花园大桥至大佛寺大桥岸线综合整治工程岸线	5 106.00	108.25	153 000	311.05	419.30
合计	26 973.87	571.85	605 450	1 230.89	1 802.74
单位岸线长度效益/[万元/（km·a）]	—	0.02	—	0.05	0.07

以典型防洪护岸与生态整治工程岸线为代表，得到单位岸线长度效益指标，即单位岸线长度的生态环境效益为 0.07 万元/（km·a），其中单位岸线长度水土保持效益为 0.02 万元/（km·a），单位岸线长度环境改善效益为 0.05 万元/（km·a）。

3. 三峡库区防洪护岸与生态整治工程岸线保护效益估算

以典型防洪护岸与生态整治工程岸线研究的成果为基础，估算整个三峡库区防洪护岸与生态整治工程岸线的直接防洪效益和生态环境效益，估算公式如下：

直接防洪效益＝单位岸线长度防洪效益×防洪护岸与生态整治工程岸线总长度；

生态环境效益＝单位岸线长度生态环境效益×防洪护岸与生态整治工程岸线总长度。

计算依据来自典型防洪护岸与生态整治工程岸线研究成果：单位岸线长度防洪效益为 3 316.1 万元/（km·a），单位岸线长度生态环境效益为 0.07 万元/（km·a）。依据水利部长江水利委员会针对长江干流岸线保护和利用专项检查行动成果资料的统计结果，截至 2018 年 1 月，三峡库区防洪护岸与生态整治工程岸线总长度为 255.38 km，其中防洪护岸工程岸线长度为 241.47 km，生态整治工程岸线长度为 13.91 km。根据该统计结果估计截至 2018 年 1 月三峡库区长江干流防洪护岸与生态整治工程岸线的防洪效益和生态环境效益，计算结果如表 7.3.10 所示。

表 7.3.10 三峡库区防洪效益与生态环境效益估算值（截至 2018 年 1 月）

效益类型	岸线长度/km	单位岸线长度效益/[万元/（km·a）]	效益值/（亿元/a）
防洪效益	241.47	3 316.10	80.07
生态环境效益	255.38	66.83	1.71
合计	496.85	3 382.93	81.78

表 7.3.10 中数据表明：采用本小节的估算方法，截至 2018 年 1 月，以 2018 年价格为基础进行估算，三峡库区长江干流防洪护岸与生态整治工程岸线保护的总效益为 81.78 亿元/a，其中，防洪效益为 80.07 亿元/a，生态环境效益为 1.71 亿元/a。

7.4 跨江设施（大桥）岸线资源开发利用效益评价

以第 4 章跨江设施（大桥）岸线资源开发利用效益评价指标和评价方法为基础，对库区部分典型跨江大桥岸线与典型区域跨江大桥岸线开发利用展开评价实践。

7.4.1 典型跨江大桥岸线利用基本情况与效益指标评价

跨江大桥岸线效益主要为通行效益，包括车辆通行量、节约的通行时间、减少交通拥堵造成的损失等。此外，跨江设施的效益还与区域社会经济状况密切相关。本小节在重庆市万州区、涪陵区共选择了 6 个典型跨江大桥岸线，表 7.4.1 为典型跨江大桥效益调查情况。典型工程年通行量超过 500 万辆，其中作为交通要道的万州长江大桥的年汽车通行量高达 1 460 万辆；绝大部分典型跨江大桥节约的通行时间超过 30 min/辆；设施服务区社会经济较为发达，如万州区三座跨江大桥及涪陵区三座跨江大桥所服务的万州区和涪陵区的生产总值为 1 000 亿元左右，人口均超过 100 万人。

表 7.4.1 典型跨江设施工程通行效益

工程名称	地区	2018 年年通行量/万辆			节约的通行时间/（min/辆）	2018 年服务区社会经济状况
		货车	客车	合计		
万州长江大桥	万州区	438	1 022	1 460	40	服务区生产总值为 982.58 亿元，
万州长江二桥	万州区	116.8	1 051.2	1 168	30	服务区人口为 160.74 万人，服
万州长江三桥	万州区	26	590	616	35	务区面积为 3 453 km²
涪陵长江大桥	涪陵区	150	360	510	20	服务区生产总值为 1 076.13 亿
李渡长江大桥	涪陵区	180	360	540	30	元，服务区人口为 114.08 万人，
石板沟长江大桥	涪陵区	150	360	510	35	服务区面积为 2 941 km²
平均		176.8	623.9	800.7	31.7	

资料来源：汽车通行量数据、节约的通行时间数据来自调查数据表；服务区社会经济状况数据来自统计年鉴。

7.4.2　基于可达性的典型区域跨江大桥岸线利用效益评价

采用第 4 章提出的基于可达性改善的区域跨江大桥岸线开发利用效益计算方法，选择典型区域进行效益估算。本小节选取重庆市万州区为典型区域。

1. 万州区交通现状

万州区地形复杂，用地分散，其主城区发展保持着片区组团式布局，由三大片区（龙宝、天城、五桥）、八大组团构成。龙宝片区包括高笋塘、龙宝、山顶 3 个组团；天城片区包括周家坝、申明坝、枇杷坪 3 个组团；五桥片区包括百安坝、江南新区 2 个组团。组团之间隔离明确，每个组团有独立的对外联系出入口。

万州区组团间的联系道路基本呈放射状布局。各组团间的联系道路主要有：通过东西向的翠南路（沿江）和规划的东西向主干路（山脚），连接江南新区组团和百安坝组团；江南新区组团和百安坝（长江东岸两个组团）通过万州长江大桥、万州长江二桥和万州长江三桥与龙宝组团、高笋塘组团、枇杷坪组团的主干路直接联系；龙宝组团、高笋塘组团、周家坝组团、申明坝组团、枇杷坪组团通过沿江路、沙龙路连接，沿江路和沙龙路向东连接枇杷坪组团，向北连接周家坝组团、申明坝组团，向南连接龙宝组团；山顶组团与龙宝组团规划一条主干路直接相连，一条主干路与沙龙路连接联系高笋塘组团。长江南北岸滨江路与万州长江二桥、万州长江三桥连接形成内环线；万州长江大桥经沙龙路、万州大桥、枇杷桥、万州长江二桥和沿长江南岸的靠山侧公路至五桥形成中环线。

2. 万州区跨江大桥分布

万州区现有跨江大桥 4 座，即万州长江大桥、万州长江二桥、万州长江三桥和万州长江四桥，其中万州长江四桥（驸马长江大桥）为高速公路大桥（G69），万州长江大桥、万州长江二桥和万州长江三桥主要为市区交通服务。本小节以市内可达性改善为基础研究跨江大桥的直接经济效益，因此所研究的跨江大桥为万州长江大桥、万州长江二桥和万州长江三桥。

3. 网络节点（交通区）选取

本小节以万州长江大桥、万州长江二桥和万州长江三桥为研究对象，分析各座桥梁建成通车后效益如何体现。

依据三座桥梁的位置，三大片区、八大组团的范围，以及城区道路网络，将万州区分为 12 个交通区。此外，考虑与万州区连接的交通枢纽，可达性模型（图 4.3.1）所要求的交通网络节点如表 7.4.2 所示。

表 7.4.2　万州区交通区与重要交通节点选取

左岸			右岸		
类型	交通区名称	备注	类型	交通区名称	备注
R	太白街道		Q	百安坝街道	
	高笋塘街道			五桥街道	
	牌楼街道			陈家坝街道	
	龙都街道		S	万州五桥机场	
	双河口街道			万州汽车南站	
	周家坝街道		P	长岭镇人民政府	G318 标志地点
	沙河街道			响滩社区卫生室	S102 标志地点
	钟鼓楼街道				
K	万州站				
	万州北站				
	万州汽车北站				
	万州汽车客运中心				
M	万州（天城）出口	G42 出入口			
	高梁出口	G42 出入口			
	G42 沪蓉高速公路出口	G42 出入口			
	天城镇人民政府	G348 标志地点			
	万和大厦	G318 标志地点			
	申明坝工业园	G542 标志地点			

从表 7.4.2 中分区与节点确定情况可知，可达性模型中的参数分别为 $R=8$，$K=4$，$M=6$，$Q=3$，$S=2$，$P=2$，$I=8+4+6=18$，$J=3+2+2=7$。

4. 可达性描述

第 4 章中提出，基于城市跨江大桥的可达性是指江河左岸或右岸某交通区通过跨江大桥到达对岸各交通区最短行驶时间的平均值，详见 4.3.4 小节。

5. 各交通区可达性计算

本小节分别以万州长江大桥、万州长江二桥、万州长江三桥建成通车为划分，计算各交通区可达性的大小。令 $n=1$，2，3，计算 $T_i^{(1)}$、$T_i^{(2)}$、$T_i^{(3)}$ 及 $T_j^{(1)}$、$T_j^{(2)}$、$T_j^{(3)}$，其中 $i=1$，2，$\cdots$，I，$j=1$，2，$\cdots$，J。所需的数据 $t_{ij}^{(n)}$ 可通过高德地图、百度地图等软件获取，假设来、回所用时间相同。

（1）当 $n=1$，即仅有万州长江大桥时各区之间的最短行驶时间 $[t_{ij}^{(1)}=t_{ji}^{(1)}]$ 如表 7.4.3 所示。

表 7.4.3　仅有万州长江大桥时各区之间的最短行驶时间 $[t_{ij}^{(1)} = t_{ji}^{(1)}]$　　（单位：min）

交通网络节点	百安坝街道	五桥街道	陈家坝街道	万州五桥机场	万州汽车南站	长岭镇人民政府	响滩社区卫生室
太白街道	30	31	38	40	27	34	42
高笋塘街道	20	21	29	29	18	26	33
牌楼街道	18	20	28	28	16	25	33
龙都街道	14	15	25	25	12	20	28
双河口街道	19	20	28	28	17	25	33
周家坝街道	31	32	42	42	29	36	44
沙河街道	36	36	46	47	33	41	48
钟鼓楼街道	26	27	36	36	24	31	39
万州站	16	17	25	25	13	20	29
万州北站	37	37	45	45	32	41	49
万州汽车北站	35	35	45	46	32	40	48
万州汽车客运中心	27	27	37	38	27	33	41
万州（天城）出口	32	33	43	44	30	39	47
高梁出口	30	30	41	42	26	33	42
G42 沪蓉高速公路出口	19	19	29	30	18	23	31
天城镇人民政府	36	36	46	46	33	42	50
万和大厦	17	17	26	27	14	21	29
申明坝工业园	37	39	48	50	34	44	52

（2）当 $n=2$，即有万州长江大桥和万州长江二桥两座桥时，各区之间的最短行驶时间 $[t_{ij}^{(2)} = t_{ji}^{(2)}]$ 如表 7.4.4 所示。

表 7.4.4　有万州长江大桥和万州长江二桥两座桥时各区之间的最短行驶时间 $[t_{ij}^{(2)} = t_{ji}^{(2)}]$

（单位：min）

交通网络节点	百安坝街道	五桥街道	陈家坝街道	万州五桥机场	万州汽车南站	长岭镇人民政府	响滩社区卫生室
太白街道	30	31	20	40	27	34	42
高笋塘街道	20	21	29	29	18	26	33
牌楼街道	18	20	28	28	16	25	33
龙都街道	14	15	25	25	12	20	28
双河口街道	19	20	28	28	17	25	33
周家坝街道	31	32	19	40	29	36	44
沙河街道	36	36	22	45	33	41	48
钟鼓楼街道	26	27	13	35	24	31	39

交通网络节点	百安坝街道	五桥街道	陈家坝街道	万州五桥机场	万州汽车南站	长岭镇人民政府	响滩社区卫生室
万州站	16	17	25	25	13	20	29
万州北站	37	37	22	44	32	41	49
万州汽车北站	35	35	21	44	32	40	48
万州汽车客运中心	27	27	17	38	27	33	41
万州（天城）出口	32	33	24	44	30	39	47
高梁出口	30	30	23	42	26	33	42
G42 沪蓉高速公路出口	19	19	29	30	18	23	31
天城镇人民政府	36	36	24	46	33	42	50
万和大厦	17	17	26	27	14	21	29
申明坝工业园	37	39	24	50	34	44	52

（3）当 $n=3$，即有三座桥时，各区之间的最短行驶时间[$t_{ij}^{(3)}=t_{ji}^{(3)}$]如表 7.4.5 所示。

表 7.4.5　有三座桥时各区之间的最短行驶时间[$t_{ij}^{(3)}=t_{ji}^{(3)}$]　（单位：min）

交通网络节点	百安坝街道	五桥街道	陈家坝街道	万州五桥机场	万州汽车南站	长岭镇人民政府	响滩社区卫生室
太白街道	27	29	20	33	26	34	42
高笋塘街道	18	19	14	24	16	25	31
牌楼街道	14	15	10	19	12	20	29
龙都街道	14	15	16	25	12	20	28
双河口街道	19	20	22	28	17	25	33
周家坝街道	30	31	19	37	27	35	43
沙河街道	34	35	22	41	31	40	49
钟鼓楼街道	25	26	13	34	23	31	39
万州站	16	17	19	25	13	20	29
万州北站	33	34	22	42	32	38	47
万州汽车北站	31	33	21	40	30	38	47
万州汽车客运中心	25	25	17	34	22	31	39
万州（天城）出口	31	32	24	42	30	39	47
高梁出口	30	30	23	40	26	34	42
G42 沪蓉高速公路出口	19	19	25	30	18	23	31
天城镇人民政府	33	34	24	41	32	40	48
万和大厦	17	17	23	27	14	21	29
申明坝工业园	34	36	24	44	33	42	49

将表 7.4.3～表 7.4.5 中数据代入式（4.3.1）和式（4.3.2）中，可计算出左、右两岸各交通区的可达性，如表 7.4.6 所示。

表 7.4.6　左、右岸各交通区可达性 $T_i^{(n)}$、$T_j^{(n)}$　　　　（单位：min）

| 左岸交通区 i | | | | | 右岸交通区 j | | | |
类型	交通区名称	$T_i^{(1)}$	$T_i^{(2)}$	$T_i^{(3)}$	类型	交通区名称	$T_j^{(1)}$	$T_j^{(2)}$	$T_j^{(3)}$
R	太白街道	106.1	103.5	97.6		百安坝街道	83.9	83.9	78.6
	高笋塘街道	78.1	78.1	69.0	Q	五桥街道	85.3	85.3	81.2
	牌楼街道	75.0	75.0	57.0		陈家坝街道	113.3	69.5	63.5
	龙都街道	62.4	62.4	61.1	S	万州五桥机场	115.4	114.3	106.3
	双河口街道	75.8	75.8	74.9		万州汽车南站	76.0	76.0	72.8
	周家坝街道	112.1	107.5	102.7	P	长岭镇人民政府	99.1	99.1	95.8
	沙河街道	125.5	120.8	116.5		响滩社区卫生室	123.5	123.5	120.5
	钟鼓楼街道	96.3	92.4	90.8					
K	万州站	64.2	64.2	63.4					
	万州北站	124.4	120.4	114.9					
	万州汽车北站	123.1	118.4	111.8					
	万州汽车客运中心	102.4	99.5	90.6					
M	万州（天城）出口	118.3	115.6	114.0					
	高梁出口	106.4	103.8	103.1					
	G42 沪蓉高速公路出口	75.1	75.1	74.6					
	天城镇人民政府	126.8	123.6	116.5					
	万和大厦	67.1	67.1	66.6					
	申明坝工业园	133.4	130.0	121.4					

通过对表 7.4.6 中数据的观察发现，一些交通区的可达性（即到达对岸各交通区的最短行驶时间的算术平均值）在万州长江大桥、万州长江二桥建设后没有发生变化，这是因为万州长江二桥两岸距某些交通区较远，这些交通区的出行主要依赖万州长江大桥和后续的万州长江三桥，可达性几乎不受万州长江二桥建设的影响。

6. 城市交通可达性改善计算

计算所需的部分数据 $T_i^{(n)}$（$n=1$，2，3）如表 7.4.3～表 7.4.6 所示。$T_i^{(0)}$ 为轮渡过江可达性，将其统一认定为在 $T_i^{(1)}$ 的基础上增加 15 min，结合式（4.3.3）～式（4.3.5），即建第一座桥与没有建桥相比，i 交通区的过江可达性的改善量为

$$A_i^{(1)} = T_i^{(0)} - T_i^{(1)} = 15(\text{min})$$

故新建第一座桥时，平均过江可达性的改善量 $A_i^{(1)} = 15\,\text{min}$。

当新建第二座桥和第三座桥时，各交通区的过江可达性的改善量及平均过江可达性的改善量如表 7.4.7 所示。

表 7.4.7 各交通区过江可达性改善量及平均过江可达性改善量 $A^{(n)}$ （单位：min）

交通区			可达性改善量 $A_i^{(n)} = T_i^{(n-1)} - T_i^{(n)}$		
类型		名称	$A_i^{(1)}$	$A_i^{(2)}$	$A_i^{(3)}$
I	R	太白街道	15	2.6	5.9
		高笋塘街道	15	0	9.1
		牌楼街道	15	0	18
		龙都街道	15	0	1.3
		双河口街道	15	0	0.9
		周家坝街道	15	4.6	4.8
		沙河街道	15	4.7	4.3
		钟鼓楼街道	15	3.9	1.6
	K	万州站	15	0	0.8
		万州北站	15	4	5.5
		万州汽车北站	15	4.7	6.6
		万州汽车客运中心	15	2.9	8.9
	M	万州（天城）出口	15	2.7	1.6
		高梁出口	15	2.6	0.7
		G42 沪蓉高速公路出口	15	0	0.5
		天城镇人民政府	15	3.2	7.1
		万和大厦	15	0	0.5
		申明坝工业园	15	3.4	8.6
J	Q	百安坝街道	15	0	5.3
		五桥街道	15	0	4.1
		陈家坝街道	15	43.8	6
	S	万州五桥机场	15	1.1	8
		万州汽车南站	15	0	3.2
	P	长岭镇人民政府	15	0	3.3
		响滩社区卫生室	15	0	3
$\sum_{i=1}^{I+J} A_i^{(n)}$			375	84.2	119.6

用式（4.3.3）分别计算万州长江大桥、万州长江二桥和万州长江三桥的可达性改善量：

$$A^{(1)} = 375 \div 25 = 15 (\text{min})$$

$$A^{(2)} = 84.2 \div 25 = 3.368 (\text{min})$$

$$A^{(3)} = 119.6 \div 25 = 4.784 (\text{min})$$

即以当前的万州区社会经济发展水平为计算依据，万州长江大桥、万州长江二桥和万州长江三桥的存在对万州区交通可达性的改善量分别为 15 min、3.368 min 和 4.784 min。

7. 效益计算

1）时间成本节约效益

本小节提出的时间成本节约效益模型参考式（4.3.6）。根据调查收集的资料，各桥过江通行量情况如表 7.4.8 所示。

表 7.4.8 万州区各桥过江通行量　　　　　　　　　　　　（单位：万辆/a）

车辆	万州长江大桥	万州长江二桥	万州长江三桥
客车	1 022	1 051.2	590
货车	438	116.8	26
各桥小计	1 460	1 168	616
累计 $W^{(n)}$	1 460	2 628	3 244
货车累计 $W_H^{(n)}$	438	554.8	580.8

代入式（4.3.6），得

$$R_T^{(1)} = c_T x_T W^{(1)} A^{(1)} = 24 \times 3 \times 1\,460 \times 15 \div 60 = 26\,280\,(\text{万元/a}) = 2.628\,(\text{亿元/a})$$

$$R_T^{(2)} = c_T x_T W^{(2)} A^{(2)} = 24 \times 3 \times 2\,628 \times 3.368 \div 60 = 10\,621\,(\text{万元/a}) = 1.062\,1\,(\text{亿元/a})$$

$$R_T^{(3)} = c_T x_T W^{(3)} A^{(3)} = 24 \times 3 \times 3\,244 \times 4.784 \div 60 = 18\,623\,(\text{万元/a}) = 1.862\,3\,(\text{亿元/a})$$

即以 2018 年社会经济发展水平为基础的万州区三座长江大桥的时间成本节约效益为

$$2.628 + 1.062\,1 + 1.862\,3 = 5.552\,4\,(\text{亿元/a})$$

2）运输成本节约效益

依据第 4 章研究成果，运输成本节约效益模型参考式（4.3.7）：c_H 为物资时间价值，可取社会折现率 8%；x_H 为每辆货运过江车辆的货运价值，参照万州长江三桥可研报告有关数据，取 12 215 元/辆；$W_H^{(n)}$ 为新建第 n 座桥后，整个城市所有跨江大桥上的货运过江车辆的通行量之和，具体数据如表 7.4.8 所示。代入式（4.3.7）计算可得

$$R_H^{(1)} = c_H x_H W_H^{(1)} A^{(1)} = 0.08 \times 12\,215 \times 438 \times 15 \div (60 \times 24 \times 365) = 12.2\,(\text{万元/a})$$

$$R_H^{(2)} = 0.08 \times 12\,215 \times 554.8 \times 3.368 \div (60 \times 24 \times 365) = 3.5\,(\text{万元/a})$$

$$R_H^{(3)} = 0.08 \times 12\,215 \times 580.8 \times 4.784 \div (60 \times 24 \times 365) = 5.2\,(\text{万元/a})$$

3）万州区城市跨江大桥直接效益

$$R_{N1} = \sum_{n=1}^{3} [R_T^{(n)} + R_H^{(n)}] = 26\,280 + 10\,621 + 18\,623 + 12.2 + 3.5 + 5.2 = 55\,544.9\,(\text{万元/a})$$

万州区城市跨江大桥的直接效益为 55 544.9 万元/a。

4）间接效益与总效益计算

间接效益取直接效益的 20%，即

$$R_{N2} = 0.2 \times 55\,544.9 = 11109\,(\text{万元/a})$$

则总效益为

$$R_N = R_{N1} + R_{N2} = 55\,544.9 + 11109 = 66\,653.9\,(\text{万元/a}) = 6.665\,4\,(\text{亿元/a})$$

8. 跨江大桥岸线利用效率计算

跨江大桥岸线利用效率，即跨江大桥单位利用岸线长度的直接效益与间接效益总和，其计算模型如下：

$$RQ = (R_{N1} + R_{N2}) / L \tag{7.4.8}$$

式中：RQ 为跨江大桥岸线利用效益，万元/（km·a）；L 为跨江大桥利用岸线长度之和。根据《内河通航标准》（GB 50139—2004）的规定，跨江大桥上游建港保护距离为 4 倍船长，下游保护距离为 2 倍船长。考虑 5 000 t 级货船，船长 100 m，大桥本身宽 50 m，左岸及右岸单一跨江大桥占用岸线长度均取 1 300 m，则有

$$RQ = 6.665\,4 \div (3 \times 1.3) = 1.709\,[\text{亿元} / (\text{km·a})]$$

平均每座跨江大桥的效益为 6.665 4÷3 = 2.221 8[亿元/(座·a)]。

根据 2018 年水利部长江水利委员会《长江干流岸线保护和利用专项检查行动工作报告》，截至 2018 年 1 月，三峡库区长江干流上已建跨江大桥共 44 座，按每座桥每年产生 2.221 8 亿元效益计，三峡库区跨江大桥每年产生直接和间接效益 97.76 亿元。

第 8 章

基于实地考察的典型岸线资源保护利用影响评价实践

本章以影响评价指标体系为理论依据，通过现场考察获得主观感受，结合调研资料，对库区部分典型港口岸线、防洪护岸与生态整治工程岸线和跨江大桥岸线对区域社会环境、自然及生态环境的影响进行评价。

8.1 港口岸线资源开发利用的影响评价

港口岸线资源开发利用的影响包括经济影响、社会影响和环境影响，从考察的角度，对港口岸线主要是考察其环境影响。

8.1.1 湖北省秭归县港口岸线资源开发利用影响评价

秭归县实地考察的港口岸线包括秭归县佳鑫港口岸线、宜昌港秭归港区茅坪作业区二期岸线、银杏沱滚装码头岸线和福广码头岸线。

1. 岸线考察描述

1）佳鑫港口岸线

佳鑫港口位于长江右岸，秭归县茅坪镇兰陵溪村，距县城 14 km。港口类型为散货码头，主要装卸煤及建筑材料等，1 000 t 级泊位 2 个，占用岸线长度 288 m。码头运行过程中灰尘控制较差，噪声大，离附近居民 50 m 左右，对附近空气环境、声环境和水环境造成了较大的负面影响。码头结构形式为斜坡式，岸线稳定性一般，附近江面较宽，对防洪影响不大。码头设施较简陋，建筑物形式欠美观，与周围自然环境很不协调。具体如图 8.1.1 所示。

图 8.1.1　佳鑫港口岸线现场考察照片

2）宜昌港秭归港区茅坪作业区二期岸线

宜昌港秭归港区茅坪作业区二期岸线位于长江右岸，秭归县茅坪镇银杏沱村，距县城 7 km。港口类型为滚装及件杂码头，3 000 t 级泊位 5 个，占用岸线长度 1 311 m。码头与居民的距离约 500 m，对声环境影响不大，对附近空气环境和河流水环境影响较小。码头结构形式为直立式，岸线稳定，附近江面较宽，对防洪影响不大。码头规模较大，建筑物形式比较现代、美观，与周围环境比较协调。具体如图 8.1.2 所示。

图 8.1.2　宜昌港秭归港区茅坪作业区二期岸线现场考察照片

3）银杏沱滚装码头岸线

银杏沱滚装码头位于长江右岸，秭归县茅坪镇银杏沱村，距县城 6.5 km。港口类型为滚装码头，最大泊位吨级 3 000 t，总泊位数 5 个，占用岸线长度 518 m。码头与附近居民的距离较远（超过 500 m），对附近空气环境、声环境和水环境造成的影响不大。码头结构形式为斜坡式，护岸材料为混凝土，岸线稳定性较好，附近江面较宽，对防洪影响不大。码头设施及其布局较好，与周围自然环境较协调。具体如图 8.1.3 所示。

图 8.1.3　银杏沱滚装码头岸线现场考察照片

4）福广码头岸线

福广码头位于长江右岸，秭归县茅坪镇银杏沱村，距县城 6 km。港口类型为散货码头，主要装卸砂石等建筑材料，最大泊位吨级 1 000 t，总泊位数 2 个，占用岸线长度 328 m。码头与附近居民的距离较远（超过 500 m），对居民区声环境无影响。码头设施较简陋，车辆在装卸货物及行驶过程中对大气环境和河流水环境有较大的负面影响。码头结构形式为斜坡式，局部护岸材料简单，岸线稳定性一般，附近江面较宽，对防洪影响不大。码头设施及其布局较差，与周围自然环境欠协调。具体如图 8.1.4 所示。

图 8.1.4　福广码头岸线现场考察照片

2. 岸线考察结果汇总

以现场成果为基础，结合洪评报告和调研表有关数据，将秭归县港口岸线影响评价的现场考察结果汇总于表 8.1.1 中。

表 8.1.1　秭归县港口岸线影响评价现场考察结果汇总

影响评价指标		佳鑫港口	宜昌港秭归港区茅坪作业区二期	银杏沱滚装码头	福广码头
港口类型		散货	滚装+件杂	滚装	散货
泊位数量/个		2	5	5	2
泊位吨级/t		1 000	3 000	3 000	1 000
占用岸线长度/m		288	1 311	518	328
码头结构形式		斜坡式	直立式	斜坡式	斜坡式
岸线稳定性影响	护岸材料	部分混凝土	钢筋混凝土	混凝土	部分混凝土
	稳定性评价	一般	稳定	较好	一般
行洪影响	最大水位壅高/cm	0.4	无数据	无数据	0.86
	行洪影响评价	很小	很小	很小	较小
声环境影响	与最近居民区的距离/m	约 50	约 500	>500	>500
	居民区最大噪声/dB	70.5	—	—	—
	码头附近最大噪声/dB	78	60	68	87
	声环境负面影响评价	大	较小	较小	较小
水环境影响	与最近取水口的距离/m	11 600	3 000	3 000	3 000
	河流水质负面影响评价	较大	较小	较小	较大
大气环境影响	颗粒物产生的可能性	较大	较小	较小	较大
	空气质量负面影响评价	较大	较小	较小	较大

续表

影响评价指标		佳鑫港口	宜昌港秭归港区茅坪作业区二期	银杏沱滚装码头	福广码头
自然环境影响	与风景区的距离/m	12 000	7 000	7 000	7 000
	与人文景观（城区）的距离/m	—	—	—	—
	是否在市区	否	否	否	否
	与周围环境的协调度	不协调	较协调	较协调	欠协调

注：最大水位壅高数据来源于洪评报告，其中两个码头未收集到数据；噪声数据由手机软件测得。

8.1.2　重庆市涪陵区港口岸线资源开发利用影响评价

重庆市涪陵区实地考察的港口岸线包括重庆市涪陵区攀华码头岸线、重庆港涪陵港区黄旗作业区一期岸线、特固建材码头岸线、珍溪码头岸线。

1. 岸线考察描述

1）攀华码头岸线

攀华码头位于重庆市涪陵区李渡工业园区，地处长江左岸鹤凤滩江段，为重庆市万达薄板有限公司专用码头，港口类型为件杂码头，拥有 3 000 t 级泊位 4 个、5 000 t 级泊位 2 个，占用岸线长度 960 m。码头为直立式，伸出岸坡一定距离，岸前水面宽度一般。运行过程中，对大气环境和水环境有一定的影响。码头附近无居民区，对周围自然环境有一定的影响。具体如图 8.1.5 所示。

图 8.1.5　攀华码头岸线现场考察照片

2）重庆港涪陵港区黄旗作业区一期岸线

重庆港涪陵港区黄旗作业区一期岸线位于长江左岸，港口类型为集装箱及滚装码头，3 000 t 级泊位 3 个，占用岸线长度 736 m。码头与居民的距离约 150 m，运输车辆产生的噪声对附近居民的影响较大，对附近空气环境和河流水环境有一定影响。码头结构形式为直立式，岸线稳定，码头岸线处于凹形江段，附近江面较宽，但由于码头伸出江岸较大距离，对防洪有一定影响。码头位于城市江岸，从对岸繁华市区观察，码头对城市市容有较大影响。具体如图 8.1.6 所示。

3）特固建材码头岸线

特固建材码头位于长江右岸，涪陵区龙桥镇袁家溪，为东方希望集团建材（水泥原材料及水泥产品）专用码头，港口类型为散货码头，2 000 t 级散货泊位 1 个，占用岸线长度 140 m。码头与附近居民的距离很近（100 m），码头运行过程中的运输车辆噪声很大，产生的颗粒物对当地空气环境和水环境有较大的负面影响。码头结构形式为浮趸式，对河道的行洪有一定的影响，岸线以自然岸坡为主，岸线稳定性一般。码头设施及其布局一般，与周围自然环境欠协调。具体如图 8.1.7 所示。

图 8.1.6　重庆港涪陵港区黄旗作业区　　　　图 8.1.7　特固建材码头岸线现场考察照片
一期岸线现场考察照片

4）珍溪码头岸线

珍溪码头位于长江右岸，涪陵区珍溪镇西桥村，水路上距涪陵主城区约 24 km，港口类型为散货码头，3 000 t 级泊位 1 个，占用岸线长度 155 m。码头与附近居民的距离较远（超过 500 m），对居民区声环境无影响。码头设施较简陋，车辆在装卸货物及行驶过程中对大气环境和河流水环境有一定的负面影响。码头为坡道结构形式，岸线稳定性较好，附近江面较宽，对行洪影响不大。码头设施及其布局与周围自然环境的协调度一般。具体如图 8.1.8 所示。

图 8.1.8　珍溪码头岸线现场考察照片

2. 岸线考察结果汇总

以现场成果为基础，结合洪评报告和调研表有关数据，将重庆市涪陵区港口岸线影响评价的现场考察结果汇总于表 8.1.2 中。

表 8.1.2　重庆市涪陵区港口岸线影响评价现场考察结果汇总

影响评价指标		攀华码头	重庆港涪陵港区黄旗作业区一期	特固建材码头	珍溪码头
港口类型		件杂	集装箱+滚装	散货	散货
泊位数量/个		6	3	1	1
泊位吨级/t		3 000、5 000	3 000	2 000	3 000
占用岸线长度/m		960	736	140	155
码头结构形式		直立式	直立式	浮趸式	坡道式
岸线稳定性影响	护岸材料	部分混凝土	自然岸坡	自然岸坡	部分混凝土
	稳定性评价	一般	稳定	一般	较好
行洪影响	最大水位壅高/cm	4.2	5.0	3.5	2.0
	行洪影响评价	较小	较大	较小	较小
声环境影响	与最近居民区的距离/m	远	约 150	约 100	>500
	居民区最大噪声/dB	—	87	80	—
	码头附近最大噪声/dB	70	70	83	70
	声环境负面影响评价	—	较大	较大	较小
水环境影响	与最近取水口的距离/m	5 000	—	—	3 000
	河流水质负面影响评价	一般	有	较大	较大
大气环境影响	颗粒物产生的可能性	一般	有	较大	较大
	空气质量负面影响评价	一般	有	较大	较大
自然环境影响	与风景区的距离/m	—	—	—	—
	与人文景观（城区）的距离/m	—	700	—	—
	是否在市区	是	是	否	否
	与周围环境的协调度	欠协调	不协调	欠协调	欠协调

注：最大水位壅高数据来源于洪评报告。

8.1.3　重庆市万州区港口岸线资源开发利用影响评价

重庆市万州区实地考察的港口岸线包括重庆苏商港口物流有限公司桐子园码头岸线、万州港红溪沟港区一期岸线、重庆港万州港区江南沱口作业区一期岸线和重庆港万州港区新田作业区一期岸线。

1. 岸线考察描述

1）重庆苏商港口物流有限公司桐子园码头岸线

重庆苏商港口物流有限公司桐子园码头位于长江左岸,万州长江大桥上游300 m处,为干散货与危险化学物品码头,3 000 t级泊位3个,占用岸线长度350 m,斜坡式。离居民区较远,设施落后,布局较差,管理欠佳。对大气环境、河流水环境等有较大负面影响。码头位于万州区上游,与中心城区距离较近(约3 km),对城市景观影响较大。具体如图8.1.9所示。

图8.1.9　重庆苏商港口物流有限公司桐子园码头岸线现场考察照片

2）万州港红溪沟港区一期岸线

万州港红溪沟港区一期位于长江左岸,万州长江大桥下游约1 600 m处,3 000 t级集装箱泊位3个,1 000 t级散货泊位3个,岸线长度1 000 m,斜坡式与直立式结合形式,与重庆港万州港区江南沱口作业区一期隔江相望,对行洪有一定影响。离居民区较近(约300 m),设备运行与运输货车形成了较大的噪声,对当地居民有较大影响。其中的散货码头为煤码头,对大气环境与水环境造成了影响。港区位于万州区之中,距离中心城区较近(约2.5 km),对城市景观影响较大。具体如图8.1.10所示。

图8.1.10　万州港红溪沟港区一期岸线现场考察照片

3）重庆港万州港区江南沱口作业区一期岸线

重庆港万州港区江南沱口作业区一期位于长江右岸,万州长江大桥下游1 600 m处,为集装箱码头，5 000 t 级泊位 2 个，占用岸线长度 260 m。离居民区较近（约 300 m），设备运行与运输货车形成了较大的噪声，对当地居民有较大影响。港区位于万州区之中，距离中心城区较近（约 2.5 km），对城市景观影响较大。此外，港口运输较为繁忙，大型运输车辆对城市交通造成了很大的影响。码头为直立式，伸出自然岸线的长度较大，岸线江面宽度一般，又与万州港红溪沟港区一期隔岸相对，因此对行洪的影响较大。具体如图 8.1.11 所示。

图 8.1.11　重庆港万州港区江南沱口作业区一期岸线现场考察照片

4）重庆港万州港区新田作业区一期岸线

重庆港万州港区新田作业区一期位于重庆市万州区新田镇五溪村，长江右岸，万州区上游，距万州区中心城区约 15 km，为集装箱码头，5 000 t 级泊位 5 个，占用岸线长度 652 m，附近无居民区，无噪声影响。港口为直立式码头，处于凹岸，对行洪影响较小。其规模较大，设备先进，布局合理，对大气环境、水环境及自然环境造成的影响有限。具体如图 8.1.12 所示。

图 8.1.12　重庆港万州港区新田作业区一期岸线现场考察照片

2. 岸线考察结果汇总

以现场成果为基础，结合洪评报告和调研表有关数据，将重庆市万州区港口岸线影响评价的现场考察结果汇总于表 8.1.3 中。

表 8.1.3　重庆市万州区港口岸线影响评价现场考察结果汇总

影响评价指标		重庆苏商港口物流有限公司桐子园码头	万州港红溪沟港区一期	重庆港万州港区江南沱口作业区一期	重庆港万州港区新田作业区一期
港口类型		干散货+危险化学物品	集装箱+散货	集装箱	集装箱
泊位数量/个		3	6	2	5
泊位吨级/t		3 000	3 000 和 1 000	5 000	5 000
占用岸线长度/m		350	1 000	260	652
码头结构形式		斜坡式	斜坡式+直立式	直立式	直立式
岸线稳定性影响	护岸材料	部分混凝土	钢筋混凝土	钢筋混凝土	钢筋混凝土
	稳定性评价	一般	稳定	稳定	稳定
行洪影响	最大水位壅高/cm	4.2	—	6.0	—
	行洪影响评价	较小	较大	较大	较小
声环境影响	与最近居民区的距离/m	>500	约300	约300	>500
	居民区最大噪声/dB	—	79	72	—
	码头附近最大噪声/dB	70	88	83	—
	声环境负面影响评价	较小	较大	较大	无
水环境影响	与最近取水口的距离/m	—	—	—	—
	河流水质负面影响评价	较大	较大	一般	一般
大气环境影响	颗粒物产生的可能性	较大	较大	一般	较小
	空气质量负面影响评价	较大	较大	较大	一般
自然环境影响	与风景区的距离/m	—	—	—	—
	与人文景观（城区）的距离/m	—	700	—	—
	是否在市区	是	是	是	否
	与周围环境的协调度	不协调	不协调	不协调	较协调

注：最大水位壅高数据来源于洪评报告；"—"表示未获得数据或不需要评价。

8.1.4　重庆市主城区港口岸线资源开发利用影响评价

重庆市主城区实地考察的港口岸线包括寸滩港口岸线、东港集装箱码头岸线、东港滚装码头岸线及交运纳溪沟港岸线。

1. 现场考察描述

1）寸滩港口岸线

寸滩港口位于重庆市江北区寸滩街道，长江左岸，朝天门下游约 6 km 处，为集装箱及滚装码头，5 000 t 级泊位 9 个，占用岸线长度 1 600 m。码头周周 1 km 之内无居民区。港区面积较大，设备先进，布局较合理，管理水平较高。港区位于重庆市主城区，对城市自然与人文景观有一定影响。港口运行效率较高，大型运输车辆对城市交通造成了较大的影响。码头为直立式，伸出自然岸线的长度较大，岸线江面宽度一般，对行洪有一定的影响。具体如图 8.1.13 所示。

图 8.1.13　寸滩港口岸线现场考察照片

2）东港集装箱码头岸线

东港集装箱码头位于重庆市南岸区广阳镇，长江右岸，距中心城区约 15 km，为集装箱及滚装码头，5 000 t 级泊位 3 个，占用岸线长度 1 100 m。码头周围 2 km 之内无居民区，对声环境影响不大。港口名为集装箱码头，但实际运行以散货为主，管理水平一般，港区货场较乱，对大气环境与水环境有一定的负面影响。码头附近自然环境较好，港区的存在对自然环境是一种负面的影响。码头为斜坡式，伸出自然岸线的长度较大，岸线江面宽度一般，对行洪的影响较大。具体如图 8.1.14 所示。

图 8.1.14　东港集装箱码头岸线现场考察照片

3）东港滚装码头岸线

东港滚装码头位于重庆市南岸区广阳镇，长江右岸，紧邻东港集装箱码头，距中心城区约 15 km，为滚装码头，3 000 t 级泊位 1 个，占用岸线长度 1 200 m。码头周围 2 km 之内无居民区，对声环境影响不大。码头占用岸线长度较长，利用效率不高，码头设备简单，布置较差，岸线护坡较差，整体较凌乱，与周围环境不协调。岸线附近及对岸各类码头众多，大小不一，集约性差，整体显得非常乱，与周围自然与人文景观不协调。码头为斜坡式，对行洪有一定影响。具体如图 8.1.15 所示。

图 8.1.15 东港滚装码头岸线现场考察照片

4）交运纳溪沟港岸线

交运纳溪沟港位于重庆市南岸区鸡冠石镇，长江右岸弯道，距中心城区约 2.5 km，为集装箱及散货码头，5 000 t 级泊位 3 个，占用岸线长度 679 m。码头周围 2 km 之内无居民区，对声环境影响不大。

目前其以装卸散货为主，管理水平一般，港区货场较乱，对大气环境与水环境有一定的负面影响。码头附近各类码头较多，布局凌乱，与自然环境不够协调。码头为直立式与斜坡式结合形式，伸出自然岸线的长度较大，又处于河道弯道凹岸，对行洪有一定的影响。具体如图 8.1.16 所示。

图 8.1.16 交运纳溪沟港岸线现场考察照片

2. 岸线考察结果汇总

以现场成果为基础，结合洪评报告和调研表有关数据，将重庆市主城区港口岸线影响评价的现场考察结果汇总于表 8.1.4 中。

表 8.1.4　重庆市主城区港口岸线影响评价现场考察结果汇总

影响评价指标		寸滩港口	东港集装箱码头	东港滚装码头	交运纳溪沟港
港口类型		集装箱+滚装	集装箱+滚装	滚装	集装箱+散货
泊位数量/个		9	3	1	3
泊位吨级/t		5 000	5 000	3 000	5 000
占用岸线长度/m		1 600	1 100	1 200	679
码头结构形式		直立式	斜坡式	斜坡式	直立式+斜坡式
岸线稳定性影响	护岸材料	钢筋混凝土	自然岸坡	混凝土	钢筋混凝土
	稳定性评价	较好	稳定	稳定	稳定
行洪影响	最大水位壅高/cm	—	—	6.0	—
	行洪影响评价	一般	一般	一般	一般
声环境影响	与最近居民区的距离/m	>1 000	>2 000	>2 000	>2 000
	居民区最大噪声/dB	—	—	—	—
	码头附近最大噪声/dB	80	75	83	62
	声环境负面影响评价	较小	较小	较小	较小
水环境影响	与最近取水口的距离/m	—	1 000	1 000	—
	河流水质负面影响评价	一般	较大	一般	较大
大气环境影响	颗粒物产生的可能性	一般	较大	一般	较大
	空气质量负面影响评价	一般	较大	一般	较大
自然环境影响	与风景区的距离/m	—	—	—	—
	与人文景观（城区）的距离/m	—	—	—	—
	是否在市区	是	否	否	否
	与周围环境的协调度	一般	欠协调	不协调	欠协调

注：最大水位壅高数据来源于洪评报告；"—"表示未获得数据或不需要评价。

8.1.5　影响评价评述

从以上各区域港口岸线的考察情况得到如下结论：①总体上看，港口岸线的开发利用对行洪、声环境、水环境、大气环境及自然环境各方面均有不同程度的影响，但港口类型、码头结构形式、所处位置、集约程度与管理水平等因素不同，各方面的影响程度也有所不同；②多数散货码头设施不够先进、布局不够合理、管理水平不高，对河流水环境与局部大气环境造成的负面影响较大；③部分大型集装箱码头或大型件杂码头（如寸滩港口、重庆港万州港区新田作业区一期、攀华码头、宜昌港秭归港区茅坪作业区二期等），规模较大、设备较先进、布局较合理、集约程度较高，对大气环境与水环境的影响较小；④多数码头特别是散货码头设备落后、布局不合理、管理水平较差，对局部自然环境造成了较大的破坏性影响；⑤部分码头岸线处于城市中心区域（如寸滩港口、重庆港涪陵港区黄旗作业区一期、重庆港万州港区江南沱口作业区一期、万州港红溪沟港区一期等），对城市景观影响较大，大型运输车辆对城市交通及声环境造成了较大的负面影响；⑥少数码头（如佳鑫港口、万州港红溪沟港区一期、重庆港万州港区江南沱口作业区一期）与居民区的距离较近，码头及其运输工具产生的噪声对当地居民造成了负面影响；⑦多数码头（特别是直立式的码头）对行洪有一定的影响，港口岸线基本稳定；⑧从区域的角度看，部分区域（如南岸区广阳镇、鸡冠石镇等）长江河道码头众多，类型不同，大小不一，集约程度差，布局凌乱，对河道行洪、河流水质、区域空气质量与自然环境造成了破坏性的影响。

8.2　防洪护岸与生态整治工程岸线保护影响评价

防洪护岸与生态整治工程岸线影响主要包括社会影响和环境影响，从实地考察的角度，主要从岸线稳定、河流水质、空气质量改善、自然环境改善、交通条件改善等方面考察防洪护岸与生态整治工程岸线的影响。

8.2.1　湖北省秭归县防洪护岸与生态整治工程岸线保护影响评价

秭归县实地考察的防洪护岸与生态整治工程岸线包括凤凰山岸线环境综合整治配套工程岸线、凤凰山至木鱼岛库岸综合整治工程岸线。

1. 岸线考察描述

1）凤凰山岸线环境综合整治配套工程岸线

凤凰山为秭归县著名的 5A 级文化旅游区——屈原故里文化旅游区所在地，凤凰山岸线环境综合整治配套工程岸线，环绕凤凰山北侧、东侧及南侧，与三峡大坝的直线距离约 1 000 m，岸线总长度约 1 500 m。护岸材料为植生型混凝土，护岸后岸线稳定性好，植被较好，对空气质量和水库水质改善有正面影响，岸线与周围环境协调，对景区生态环境改善有正面影响。图 8.2.1 为凤凰山岸线环境综合整治配套工程岸线现场考察照片。

2）凤凰山至木鱼岛库岸综合整治工程岸线

凤凰山至木鱼岛库岸综合整治工程位于秭归县城东滨湖路，岸线长度 2 570 m，防洪护岸与生态整治工程于 2018 年 9 月建成。护岸材料为植生型混凝土，护岸后岸线稳定性好，植被较好，对空气质量和水库水质改善有正面影响，防洪护岸与生态整治工程及其配套设施与周围环境协调，为当地居民提供了很好的娱乐休闲场所。岸线实地考察图片见图 8.2.2。

图 8.2.1　凤凰山岸线环境综合整治配套工程岸线现场考察照片

图 8.2.2　凤凰山至木鱼岛库岸综合整治工程岸线现场考察照片

2. 岸线考察结果汇总

以现场成果为基础，结合调研表有关数据，将秭归县防洪护岸与生态整治工程岸线影响评价的现场考察结果汇总于表 8.2.1 中。

表 8.2.1　秭归县防洪护岸与生态整治工程岸线影响评价现场考察结果汇总

影响评价指标		凤凰山岸线环境综合整治配套工程	凤凰山至木鱼岛库岸综合整治工程
岸线类型		生态整治工程岸线	生态整治工程岸线
工程结构形式		斜坡式	斜坡式
岸线稳定性影响	护岸材料	植生型混凝土	植生型混凝土
	稳定性评价	很大改善	很大改善
大气环境与水环境影响	护岸材料形式	植生型	植生型
	岸坡植物数量	较多	一般
	空气质量现场观察	好	好
	水质质量观察	较好	好
	空气质量影响评价	改善	改善
	河流水质影响评价	改善	改善

续表

影响评价指标		凤凰山岸线环境综合整治配套工程	凤凰山至木鱼岛库岸综合整治工程
景观及其与环境的协调度	景观质量观察	很好	好
	与周围自然环境的协调情况	很协调	协调
	与人文景观的协调情况	协调	—
社会环境影响	交通条件影响	在景区内	很大改善
	绿道条件	在景区内	好
	观景设施	在景区内	好
	亲水性	较好	好
	适宜休闲时间、休闲人数	较多	较多

8.2.2 重庆市涪陵区防洪护岸与生态整治工程岸线保护影响评价

涪陵区实地考察的防洪护岸与生态整治工程岸线包括长江乌江汇合口东岸防洪护岸综合整治工程岸线和长江北岸移民安置区护岸及基础设施配套工程岸线。

1. 岸线考察描述

1）长江乌江汇合口东岸防洪护岸综合整治工程岸线

长江乌江汇合口东岸防洪护岸综合整治工程位于涪陵区长江、乌江汇合口东岸，下游与已建长江涪陵区污水处理厂护岸顺接，上游端止于磨盘沟，岸线总长度 3 345 m。其采用直立式与斜坡式护岸形式，护岸材料：高水位时淹没部分为石料（可植生），临水直立部分为钢筋混凝土，斜坡部分为植生型混凝土。护岸后岸线稳定性好，防洪标准提高到 50 年一遇。工程岸线设有绿道、观景台、亲水设施，顶部平台较宽，为休闲娱乐提供了很好的场所，散步与休闲娱乐的人数非常多。沿岸为重要的商业区域，保护后的岸线与周围环境很协调，为沿岸的商业与旅游发展有较大的促进作用。具体如图 8.2.3 所示。

2）长江北岸移民安置区护岸及基础设施配套工程岸线

长江北岸移民安置区护岸及基础设施配套工程位于长江北岸，东起乌龟滩，西至灯盏湾，岸线总长度 3 450 m，主要在 145～175 m 消落区内进行工程护岸，在 175 m 至涪丰石高速公路约 220 m 高程范围进行生态环境的建设与保护。其采用斜坡式护岸形式，平行的两条绿道将护岸分为上、中、下三层，护岸材料均为植生型混凝土，岸线稳定，护坡植被良好，改善了城市景观与临水居民的生活环境，有利于涪陵区向江北拓展。目前，沿岸居民较少，为涪陵区向江北拓展创造了条件。具体如图 8.2.4 所示。

图 8.2.3　长江乌江汇合口东岸防洪护岸综合整治工程岸线现场考察照片

图 8.2.4　长江北岸移民安置区护岸及基础设施配套工程岸线现场考察照片

2. 岸线考察结果汇总

以现场成果为基础，结合调研表有关数据，将涪陵区防洪护岸与生态整治工程岸线影响评价的现场考察结果汇总于表 8.2.2 中。

表 8.2.2　涪陵区防洪护岸与生态整治工程岸线影响评价现场考察结果汇总

影响评价指标		长江乌江汇合口东岸防洪护岸综合整治工程	长江北岸移民安置区护岸及基础设施配套工程
岸线类型		防洪与生态整治工程岸线	生态整治工程岸线
工程结构形式		直立式+斜坡式	斜坡式
岸线稳定性影响	护岸材料	钢筋混凝土+植生型混凝土	植生型混凝土
	稳定性评价	很大改善	很大改善
大气环境与水环境影响	护岸材料形式	植生型	植生型
	岸坡植物数量	较多	较多
	空气质量现场观察	好	很好
	水质质量观察	很好	较好
	空气质量影响评价	改善	改善
	河流水质影响评价	改善	改善

影响评价指标		长江乌江汇合口东岸防洪护岸综合整治工程	长江北岸移民安置区护岸及基础设施配套工程
景观及其与环境的协调度	景观质量观察	很好	很好
	与周围自然环境的协调情况	很协调	很协调
	与人文景观的协调情况	协调	协调
社会环境影响	交通条件影响	很大改善	改善
	绿道条件	很好	好
	观景设施	较好	较好
	亲水性	较好	较好
	适宜休闲时间、休闲人数	很多	较少

8.2.3 重庆市万州区防洪护岸与生态整治工程岸线保护影响评价

万州区实地考察的防洪护岸与生态整治工程岸线包括陈家坝防洪护岸综合整治工程岸线、黄泥包至万一中段消落区生态环境整治工程岸线及明镜滩岸线综合整治工程岸线。

1. 岸线考察描述

1）陈家坝防洪护岸综合整治工程岸线

陈家坝防洪护岸综合整治工程位于长江南岸，上起老黄洞，下至陈家坝，岸线长度2 805 m。老黄洞至草盘石段为直立式护岸，护岸材料为钢筋混凝土，草盘石至陈家坝段为斜坡式护岸，护岸材料为植生型混凝土。护岸后岸线稳定性好，防洪标准提高到50年一遇。工程岸线设有绿道、观景台、亲水设施。工程沿岸有滨江公园，公园面积较大、植被好、景观好，散步与休闲娱乐的人数多。岸线保护后，沿岸交通条件大为改善，城市发展迅速。具体如图8.2.5所示。

图 8.2.5 陈家坝防洪护岸综合整治工程岸线现场考察照片

2）黄泥包至万一中段消落区生态环境整治工程岸线

黄泥包至万一中段消落区生态环境整治工程位于长江北岸，上起黄泥包，下至万州区第一中学，岸线总长度 1 333 m。其采用斜坡式护岸形式，护岸材料均为植生型混凝土，岸线稳定，护坡植被良好，有利于大气环境与水环境的改善。护坡上有两条步道，坡顶为公园式休闲散步场所，附近居民密集，休闲散步的人多。具体如图 8.2.6 所示。

图 8.2.6　黄泥包至万一中段消落区生态环境整治工程岸线现场考察照片

3）明镜滩岸线综合整治工程岸线

明镜滩岸线综合整治工程位于长江北岸，万州区腹心位置，东临长江，西以北滨大道为界，南起龙宝印合石大桥，北至牌楼万棉厂高架桥，岸线总长度 1 080 m。其采用斜坡式护岸形式，布置有三条步道，护岸材料均为植生型混凝土，岸线稳定，护坡植被较好，有利于大气环境、水环境及城市景观的改善。沿岸为空地，周边规划以金融、商贸、居住、公共设施（体育场、公园）等用地为主，护岸为实现城市发展规划提供了保障。具体如图 8.2.7 所示。

图 8.2.7　明镜滩岸线综合整治工程岸线现场考察照片

2. 岸线考察结果汇总

以现场成果为基础，结合调研表有关数据，将万州区防洪护岸与生态整治工程岸线影响评价的现场考察结果汇总于表 8.2.3 中。

表 8.2.3　万州区防洪护岸与生态整治工程岸线影响评价现场考察结果汇总

影响评价指标		陈家坝防洪护岸综合整治工程	黄泥包至万一中段消落区生态环境整治工程	明镜滩岸线综合整治工程
岸线类型		防洪与生态整治工程岸线	生态整治工程岸线	生态整治工程岸线
工程结构形式		直立式+斜坡式	斜坡式	斜坡式
岸线稳定性影响	护岸材料	钢筋混凝土+植生型混凝土	植生型混凝土	植生型混凝土
	稳定性评价	很大改善	改善	改善
大气环境与水环境影响	护岸材料形式	部分植生型	植生型	植生型
	岸坡植物数量	一般	较多	较多
	空气质量现场观察	很好	较好	较好
	水质质量观察	较好	较好	较好
	空气质量影响评价	改善	改善	改善
	河流水质影响评价	改善	改善	改善
景观及其与环境的协调度	景观质量观察	很好	较好	较好
	与周围自然环境的协调情况	很协调	协调	协调
	与人文景观的协调情况	协调	协调	一般
社会环境影响	交通条件影响	很大改善	改善	一般
	绿道条件	很好	好	好
	观景设施	较好	较好	较好
	亲水性	较好	较好	一般
	适宜休闲时间、休闲人数	很多	很多	较少

8.2.4　重庆市主城区防洪护岸与生态整治工程岸线保护影响评价

重庆市主城区实地考察的防洪护岸与生态整治工程岸线包括南岸区南滨路六期工程岸线、南岸区滨江弹子石广场工程岸线、嘉滨路和长滨路连接段防洪护岸综合治理工程岸线，以及黄花园大桥至大佛寺大桥岸线综合整治工程岸线。因南岸区滨江弹子石广场工程岸线照片缺失，这里仅对其他三个防洪护岸与生态整治工程岸线进行描述和总结。

1. 岸线考察描述

1）南岸区南滨路六期工程岸线

南岸区南滨路六期工程位于重庆市南岸区，上起南岸区与巴南区交界处，下至重庆警备区大门，岸线长度 1 150 m。上游段为斜坡式，护岸材料为植生型混凝土，植被较好，下游段为直立式护岸，护岸材料为钢筋混凝土，护岸后岸线稳定性好，防洪标准提高到 50 年一遇。工程岸线无绿道、观景台和亲水设施。岸线本身景观一般，但工程顶部有滨江公园，植被好、景观好，散步与休闲娱乐的人数较多。岸线保护后，沿岸交通条件大为改善，城市发展迅速。具体如图 8.2.8 所示。

图 8.2.8　南岸区南滨路六期工程岸线现场考察照片

2）嘉滨路和长滨路连接段防洪护岸综合治理工程岸线

嘉滨路和长滨路连接段防洪护岸综合治理工程位于重庆市渝中区，嘉陵江与长江汇合口，嘉陵江西岸与长江北岸连接处，岸线长度 649 m。其采用斜坡式护岸，护岸材料为混凝土。工程保护的区域为重庆市最为繁华的商业区域，沿岸分布众多客运码头，游客众多。岸线保护后，岸线稳定大为改善，防洪标准提高到 50 年一遇，为解放碑商圈发展提供了更为有力的保障。具体如图 8.2.9 所示。

图 8.2.9　嘉滨路和长滨路连接段防洪护岸综合治理工程岸线现场考察照片

3）黄花园大桥至大佛寺大桥岸线综合整治工程岸线

黄花园大桥至大佛寺大桥岸线综合整治工程位于重庆市江北区，上起嘉陵江长江汇合口处，下至大佛寺大桥，岸线长度 5 106 m。上游段为两层直立式挡土墙，中间设有步道，护岸材料为混凝土，部分护岸段被藤类植物覆盖，临水部分为滩地，植被好，对大气环境和水环境改善作用大。下游段为斜坡式护岸，护岸材料为植生型混凝土，岸坡植被好。岸坡设有两条平行步道，坡顶绿道宽敞，休闲散步人数很多。护岸后岸线稳定性好，沿岸交通条件大为改善，有利于城市发展。整个工程岸线与周围环境协调，改善了城市景观。具体如图 8.2.10 和图 8.2.11 所示。

图 8.2.10　黄花园大桥至大佛寺大桥岸线综合整治工程岸线现场考察照片（一）

图 8.2.11　黄花园大桥至大佛寺大桥岸线综合整治工程岸线现场考察照片（二）

2. 岸线考察结果汇总

以现场成果为基础，结合调研表有关数据，将重庆市主城区防洪护岸与生态整治工程岸线影响评价的现场考察结果汇总于表 8.2.4 中。

表 8.2.4　重庆市主城区防洪护岸与生态整治工程岸线影响评价现场考察结果汇总

影响评价指标		南岸区南滨路六期工程	嘉滨路和长滨路连接段防洪护岸综合治理工程	黄花园大桥至大佛寺大桥岸线综合整治工程
岸线类型		防洪与生态整治工程岸线	生态整治工程岸线	生态整治工程岸线
工程结构形式		直立式+斜坡式	斜坡式	直立式+斜坡式
岸线稳定性影响	护岸材料	植生型混凝土+钢筋混凝土	混凝土	混凝土+植生型混凝土
	稳定性评价	很大改善	很大改善	很大改善
大气环境与水环境影响	护岸材料形式	部分植生型	非植生型	植生型
	岸坡植物数量	一般	无	多
	空气质量现场观察	较好	一般	较好
	水质质量观察	一般	一般	一般
	空气质量影响评价	改善	无影响	改善
	河流水质影响评价	略改善	无影响	略改善

续表

影响评价指标		南岸区南滨路六期工程	嘉滨路和长滨路连接段防洪护岸综合治理工程	黄花园大桥至大佛寺大桥岸线综合整治工程
景观及其与环境的协调度	景观质量观察	较好	一般	好
	与周围自然环境的协调情况	较协调	一般	协调
	与人文景观的协调情况	较协调	较协调	较协调
社会环境影响	交通条件影响	很大改善	无影响	改善
	绿道条件	无步道	—	好
	观景设施	一般	一般	较好
	亲水性	一般	一般	较好
	适宜休闲时间、休闲人数	较多	较多	多

8.2.5　影响评价评述

从以上各区域防洪护岸与生态整治工程岸线的考察情况得到如下结论：①总体上看，防洪护岸与生态整治工程对库岸稳定、城市空气质量、河流水质质量、城市自然环境与社会环境等各方面的改善均有较大的积极影响；②无论是直立式还是斜坡式，库区防洪护岸与生态整治工程对岸线稳定性改善的作用是明显的；③绝大多数斜坡式防洪护岸与生态整治工程采用的是植生型护岸材料，岸坡绿草等植物较多，其中较早建成的防洪护岸与生态整治工程岸线（如黄花园大桥至大佛寺大桥岸线综合整治工程岸线、长江乌江汇合口东岸防洪护岸综合整治工程岸线等）植被良好，对城市空气质量改善、河流水质质量改善、城市自然环境改善等方面的作用显著；④大多数防洪护岸与生态整治工程岸线岸坡设有步道，岸顶有滨江公园或绿道、观景台，有利于附近居民休闲娱乐，对提高人民生活质量有重要的积极影响；⑤城市沿江岸线的保护对城市区域扩展、商业环境改善起着保障作用。

8.3　跨江设施（大桥）岸线资源开发利用的影响评价

作者团队实地考察了涪陵长江大桥、李渡长江大桥、万州长江大桥、万州长江二桥和万州长江三桥。

8.3.1 跨江大桥岸线考察描述

1. 涪陵长江大桥

涪陵长江大桥位于重庆市涪陵区，是一座双塔双索面斜拉桥，是涪陵区第一座长江大桥，是 G319 跨越涪陵区长江江面的一座特大型桥梁，长 631 m，主跨 330 m，桥面宽 23 m，有双向四车道，占用岸线长度 200 m（不包含上下游保护长度），右岸为直立式混凝土挡土墙护坡，岸线稳定，左岸为自然岸坡，对岸线稳定无影响。桥墩位于长江河道两侧，墩宽尺寸不大，对行洪影响有限。大桥右岸附近有居民，左岸居民较少，有一定的声环境影响。左岸为涪陵区江北街道办事处黄旗社区居民委员会，大桥对江北城区发展有促进作用。大桥结构形式简单，自身美观性一般，俯瞰时对城市景观有改善作用，从桥下两岸看，整体景观一般，如图 8.3.1、图 8.3.2 所示。

图 8.3.1　涪陵长江大桥照片（一）

图 8.3.2　涪陵长江大桥照片（二）

2. 李渡长江大桥

李渡长江大桥位于重庆市涪陵区李渡街道，主桥为双索面等高双塔混凝土梁斜拉桥，西起太白大道与聚业大道交汇口，东至滨江大道与太白大道交汇处的立交枢纽，桥梁总长 822 m，跨江主桥长 398 m，桥面为双向四车道城市主干路，占用岸线长度 200 m（不包含上下游保护长度），两岸均为自然岸坡，对岸线稳定无影响。桥墩位于长江河道两侧，对行洪有一定影响。大桥南岸附近有少许居民，北岸直通隧道，有一定声环境影响。涪陵区的政府机构移至李渡街道，李渡长江大桥是连接新老城区的交通要道，对涪陵区城市发展有重要影响。大桥结构形式简单，自身美观性一般，与周围环境的协调性一般，如图 8.3.3 所示。

图 8.3.3　李渡长江大桥照片

3. 万州长江大桥

万州长江大桥位于长江上游，是连接 G318 的一座特大型公路配套桥，是长江上第一座单孔跨江公路大桥，全桥长 814 m、宽 23 m，桥拱净跨 420 m，有双向四车道，占用岸线长度 300 m（不包含上下游保护长度），两岸均为自然岸坡，对岸线稳定无影响。桥拱及其两侧的桥墩占用较大的行洪面积，对行洪有较大影响。大桥南岸离居民区较近，过桥车辆特别是大型货车噪声较大，对附近居民有较大的负面影响。大桥于 1997 年建成通车，之后南岸区发展较快，附近居民区先后形成（百安花园、碧水蓝天小区、景典郦景蓝湾小区等）。大桥结构形式简单，自身美观性一般，从桥下两岸看，整体景观一般，如图 8.3.4、图 8.3.5 所示。

图 8.3.4　万州长江大桥（一）

图 8.3.5 万州长江大桥（二）

4. 万州长江二桥

万州长江二桥位于重庆市万州区下游聚鱼沱河段，北接枇杷坪街道办事处的康家坡，南连江南新区的南山寺，是一座特大型子母塔悬索桥，全桥长 1 148.86 m，桥宽 20.5 m，占用岸线长度 200 m（不包含上下游保护长度），两岸均为自然岸坡，对岸线稳定无影响。洪水期间，两个主桥墩及两岸各两个副桥墩会占用一定的行洪面积，对行洪有一定影响。万州长江二桥南岸附近有新建居民小区，过桥车辆噪声对附近居民有一定的负面影响。万州长江二桥的建成通车，对万州区发展有较大的促进作用。大桥结构形式简单，自身美观性一般，从桥下两岸看，与周围环境还算协调，如图 8.3.6 所示。

图 8.3.6 万州长江二桥

5. 万州长江三桥

万州长江三桥位于万州区中部，西起万明路，上跨长江水道，东止于中部路，线路全长 2 120 m，主桥长 730 m，桥面为双向六车道，为城市主干路，占用岸线长度 200 m（不包含上下游保护长度）。万州长江三桥是一座城市跨江双塔斜拉大桥，北岸桥墩位于岸坡之上，南岸桥墩位于江中，但大桥所跨江面较宽，对行洪影响不大。两岸均为自然岸坡，岸线稳定，对岸线稳定无影响。万州长江三桥位于万州区中部，北岸是万州区重要的商业区，南岸有多个居民区和商业中心，该桥的建成对改善万州区交通环境、加快万州区发展影响深远。万州长江三桥桥面较宽，结构形式较美观，与周围环境协调，改善了城市景观，如图 8.3.7 所示。

图 8.3.7　万州长江三桥

8.3.2　跨江大桥岸线实地考察成果汇总

以现场成果为基础，结合调研表有关数据，将跨江大桥岸线利用影响评价的现场考察结果汇总于表 8.3.1 中。

表 8.3.1　跨江大桥岸线利用影响评价现场考察结果汇总

影响评价指标		涪陵长江大桥	李渡长江大桥	万州长江大桥	万州长江二桥	万州长江三桥
大桥结构形式		双塔双索面斜拉桥	双塔双索面斜拉桥	单孔拱桥	子母塔悬索桥	双塔斜拉大桥
桥梁全长/m		631	822	814	1 148.86	2 120
占用岸线长度/m		200	200	300	200	200
岸线稳定性影响	护岸材料	混凝土	自然岸坡	自然岸坡	自然岸坡	自然岸坡
	稳定性评价	较好	稳定	稳定	稳定	稳定
行洪影响	桥墩侵占行洪面积	较小	较小	较大	一般	较小
	行洪影响评价	较小	较小	较大	小	小
声环境影响	与最近居民区的距离/m	200	100	200	300	200
	居民区最大噪声/dB	75	73	80	73	77
	大桥附近最大噪声/dB	80	78	89	79	86
	声环境影响评价	较小	一般	较大	一般	一般
大气环境影响	颗粒物产生的可能性	较大	较大	大	较大	较大
	空气质量影响评价	较大	较大	较大	较大	较大
自然环境影响	自身美观性	一般	一般	一般	一般	较好
	与周围环境的协调度	较好	一般	一般	较好	较好
社会影响	城市发展影响	较大	很大	很大	较大	很大
	主要交通功能	国道+城市交通	城市交通	国道+城市交通	城市交通	市内交通

8.3.3 影响评价评述

从重庆市涪陵区和万州区五座跨江大桥岸线的考察情况得到如下结论：①总体上看，三峡库区跨江大桥对城市空气质量、城市自然环境与社会环境等各方面有一定的正面或负面影响；②跨江大桥所在位置江面较窄，岸线的利用对行洪有一定的影响；③跨江大桥岸线利用会使车辆通行量增加，产生的噪声和尾气对附近居民造成了一定的负面影响；④跨江大桥自身的美观性与多样性对城市景观有较大影响，如涪陵区内三座长江大桥的结构形式几乎相同，大桥本身的美观性又一般，未给涪陵区的城市景观增添色彩，万州长江三桥的外观较为美观，对万州区景观有较大改善；⑤跨江大桥岸线多为自然岸坡，两岸绿道等休闲设施较少，未起到改善人民生活质量的作用；⑥跨江大桥对城市区域扩展、商业环境改善起着较大的促进作用。

第 **9** 章

基于调查问卷的典型岸线资源保护利用影响评价实践

　　本章以本书提出的影响评价指标体系和设计的调查问卷为理论依据，以 192 份有效问卷为数据基础，用描述性的统计方法，从生态环境影响和社会环境影响两个方面，分别对库区港口岸线资源开发利用、防洪护岸与生态整治工程岸线保护及跨江大桥岸线利用进行影响评价与分析，并对某些具体评价因素展开对比分析。

9.1 调研基本情况

9.1.1 问卷调查过程与问卷分布

作者团队于 2019 年 7~8 月，分两次深入三峡库区展开问卷调查工作。第一次于 2019 年 7 月上旬到重庆市涪陵区进行了实验性调查，参与调查的人数为 5 人，时间为一周，返回后，针对调查中出现的问题对问卷进行了修改。2019 年 8 月中上旬，作者团队分别到重庆市涪陵区、重庆市万州区、重庆市主城区、湖北省秭归县进行了为期三周的问卷调查与实地考察工作，参与人数为 7 人。被调查对象为港口岸线、防洪护岸与生态整治工程岸线及跨江大桥岸线附近的居民，对于港口岸线而言，若附近无居民，则不展开调查。实地调查采取随机选择被访对象并进行一对一访谈的方式，每个岸线被调查的对象不少于 3 人且不多于 20 人，问卷由作者团队相关成员提问并记录受访者的回答，以确保信息的正确性与可靠性。

本次共获得问卷 200 份，剔除前期预调查信息不完整等问题问卷，实际获得的有效问卷共 192 份，涉及三峡库区 6 个区县中的 29 个保护利用岸线。具体数量及分布情况汇总在表 9.1.1 中。

表 9.1.1　调研问卷分布表

地区	港口岸线		防洪护岸与生态整治工程岸线		跨江大桥岸线		合计
	岸线数量	问卷数量	岸线数量	问卷数量	岸线数量	问卷数量	（地区分布）
重庆市涪陵区	4	21	3	28	2	11	60
重庆市万州区	3	13	4	20	3	15	48
重庆市主城区（南岸区、渝中区、江北区）	—	—	4	45	—	—	45
湖北省秭归县	4	19	2	20	—	—	39
合计（类型分布）	11	53	13	113	5	26	192

从样本的情况来看，此次抽样调查既考虑了地区分布，又考虑了岸线类型分布，总体较为科学合理。

9.1.2 调查问卷的有效性与可靠性说明

对于实证分析，所取得的调查问卷的质量对研究结果非常重要。为提升调查问卷的可靠性和有效性，本小节数据来源基于半结构化访谈，考虑到被调查者的文化水平和交流状况，一般是调查人员把问卷题目读给被调查者，并与被调查者交流，然后被调查者做出选择，从而保证整个调查问卷的可靠性和真实性。

9.1.3　被调查对象的基本情况

1. 性别

数据显示调查的 192 个样本中，男性为 106 位，女性为 86 位，男女的性别比约为 1：0.81，具体如表 9.1.2 所示。

表 9.1.2　性别特征

选项	频数	百分比/%
男性	106	55.2
女性	86	44.8
总计	192	100.0

2. 年龄分布

在调研中，将被调查者的年龄划分为 3 个区段，各区段的分布情况如表 9.1.3 所示。表 9.1.3 中数据表明，被调查者年龄较大，其中超过 50 岁的占比达到 41.1%，符合岸线保护利用时效性要求。

表 9.1.3　年龄分布

选项	频数	百分比/%
35 岁以下（含 35 岁）	19	9.9
36～50 岁（含 36 岁）	94	49.0
50 岁以上	79	41.1
总计	192	100.0

3. 文化程度

被调查对象的文化程度如表 9.1.4 所示。

表 9.1.4　文化程度

文化程度	频数	百分比/%
小学及以下	18	9.38
初中	52	27.08
高中	105	54.69
大专及以上	17	8.85
总计	192	100.00

文化程度为高中及以上的被调查者的占比达到 63.54%，说明被调查对象的认知能力和理解力较高，加上一对一访谈，保证了调查的有效性。

9.2 港口岸线资源开发利用的影响评价

针对港口岸线资源开发利用的影响，问卷设计了关于生态环境影响、自然与人文景观影响及满意度等方面的问题。由于很多港口岸线附近无居民区，或者离居民区较远，问卷调查的结论主要针对的是位于城市河流两岸或离居民区较近的港口岸线。

9.2.1 生态环境影响评价

1. 动物影响评价

问题：当前港口岸线附近鱼类、鸟类等动物数量；岸线开发后与开发前对比，鱼类、鸟类等动物数量的变化。

描述性统计：表 9.2.1 为上述问题的描述性统计。

表 9.2.1 港口岸线资源开发利用动物影响评价调查统计

当前港口岸线附近鱼类、鸟类等动物数量			岸线开发后与开发前对比，鱼类、鸟类等动物数量的变化		
影响评价	频数	百分比/%	影响评价	频数	百分比/%
很多	0	0.0	明显增加	0	0.0
较多	8	15.1	略有增加	2	3.8
一般	19	35.8	没有变化	19	35.8
较少	24	45.3	略有减少	25	47.2
很少	2	3.8	明显减少	7	13.2
合计	53	100.0	合计	53	100.0

影响分析：现状方面，选择当前港口岸线附近鱼类、鸟类等动物数量一般和较少的比例分别为 35.8%和 45.3%，从模糊隶属度的角度看，当前典型港口岸线附近鱼类、鸟类等动物数量较少。在变化上，选择没有变化、略有减少和明显减少的比例分别为 35.8%、47.2%和 13.2%，其中，略有减少和明显减少的比例之和超过了 60%，表明典型港口岸线开发后与开发前相比，动物数量有所减少。

2. 植物影响评价

问题：当前港口岸线附近草地、芦苇等植物数量；岸线开发后与开发前对比，草地、芦苇等植物数量的变化。

描述性统计：表 9.2.2 为上述问题的描述性统计。

表 9.2.2　港口岸线资源开发利用植物影响评价调查统计

当前港口岸线附近草地、芦苇等植物数量			岸线开发后与开发前对比，草地、芦苇等植物数量的变化		
影响评价	频数	百分比/%	影响评价	频数	百分比/%
很多	0	0.0	明显增加	1	1.9
较多	12	22.6	略有增加	2	3.8
一般	22	41.5	没有变化	20	37.7
较少	19	35.9	略有减少	22	41.5
很少	0	0.0	明显减少	8	15.1
合计	53	100.0	合计	53	100.0

影响分析：现状方面，选择当前港口岸线附近草地、芦苇等植物数量一般和较少的比例分别为 41.5% 和 35.9%，从模糊隶属度的角度看，当前典型港口岸线附近草地、芦苇等植物数量一般。在变化上，选择没有变化、略有减少和明显减少的比例分别为 37.7%、41.5% 和 15.1%，其中，略有减少和明显减少的比例之和达到了 56.6%，表明典型港口岸线开发后与开发前相比，植物数量有所减少。

3. 水质影响评价

问题：当前港口岸线附近河流水质质量如何；岸线开发后与开发前对比，河流水质质量的变化。

描述性统计：表 9.2.3 为上述问题的描述性统计。

表 9.2.3　港口岸线资源开发利用河流水质影响评价调查统计

当前港口岸线附近河流水质质量如何			岸线开发后与开发前对比，河流水质质量的变化		
影响评价	频数	百分比/%	影响评价	频数	百分比/%
很好	0	0.0	明显改善	0	0.0
较好	5	9.4	略有改善	3	5.7
一般	20	37.7	没有变化	19	35.8
较差	25	47.2	略有变差	23	43.4
很差	3	5.7	明显变差	8	15.1
合计	53	100.0	合计	53	100.0

影响分析：现状方面，选择当前港口岸线附近河流水质质量一般和较差的比例分别为 37.7% 和 47.2%，若以最大模糊隶属度原则为评判依据，当前典型港口岸线附近河流水质质量较差。在变化上，选择没有变化、略有变差和明显变差的比例分别为 35.8%、43.4% 和 15.1%，其中，略有变差和明显变差的比例之和达到了 58.5%，表明典型港口岸线开发后与开发前相比，河流附近水质质量有所恶化，可能的原因是考察的典型港口岸线有相当大一部分为散货码头。

4. 空气质量影响评价

问题：当前港口岸线附近空气质量如何；岸线开发后与开发前对比，空气质量的变化。

描述性统计：表 9.2.4 为上述问题的描述性统计。

表 9.2.4 港口岸线资源开发利用空气质量影响评价调查统计

当前港口岸线附近空气质量如何			岸线开发后与开发前对比，空气质量的变化		
影响评价	频数	百分比/%	影响评价	频数	百分比/%
很好	0	0.0	明显改善	0	0.0
较好	9	17.0	略有改善	3	5.7
一般	7	13.2	没有变化	8	15.1
较差	35	66.0	略有变差	26	49.0
很差	2	3.8	明显变差	16	30.2
合计	53	100.0	合计	53	100.0

影响分析：现状方面，选择当前港口岸线附近空气质量较差的比例高达 66.0%。在变化上，选择略有变差和明显变差的比例分别为 49.0% 和 30.2%，两者的比例之和达到了 79.2%，表明位于居民区附近的港口岸线开发后，港口特别是散货码头在运行过程中产生的颗粒物及运输工具排放的废气对局部区域空气质量造成的负面影响是明显的。

5. 噪声影响评价

问题：当前港口岸线附近的噪声大小；岸线开发后与开发前对比，噪声大小的变化。

描述性统计：表 9.2.5 为上述问题的描述性统计。

表 9.2.5 港口岸线资源开发利用噪声影响评价调查统计

当前港口岸线附近的噪声大小			岸线开发后与开发前对比，噪声大小的变化		
影响评价	频数	百分比/%	影响评价	频数	百分比/%
很大	6	11.3	明显增大	12	22.6
较大	28	52.8	略有增大	31	58.5
一般	15	28.3	没有变化	10	18.9
较小	4	7.6	略有减小	0	0.0
很小	0	0.0	明显减小	0	0.0
合计	53	100.0	合计	53	100.0

影响分析：现状方面，选择当前港口岸线附近噪声较大和很大的比例之和高达 64.1%。在变化上，选择略有增大和明显增大的比例分别为 58.5% 和 22.6%，两者的比例之和达到了 81.1%，表明位于居民区附近的港口岸线开发后，港口在运行过程中及运输工具产生的噪声对附近居民造成的负面影响是显著的。

6. 岸线稳定影响评价

问题：当前港口岸线附近河势稳定性如何；岸线开发后与开发前对比，河势稳定性的变化。

描述性统计：表 9.2.6 为上述问题的描述性统计。

表 9.2.6　港口岸线资源开发利用河势稳定性影响评价调查统计

当前港口岸线附近河势稳定性如何			岸线开发后与开发前对比，河势稳定性的变化		
影响评价	频数	百分比/%	影响评价	频数	百分比/%
很稳定	3	5.7	明显改善	0	0.0
较稳定	41	77.4	略有改善	12	22.6
一般	9	16.9	没有变化	33	62.3
较不稳定	0	0.0	略有变差	8	15.1
不稳定	0	0.0	明显变差	0	0.0
合计	53	100.0	合计	53	100.0

影响分析：现状方面，选择当前港口岸线附近河势较稳定和很稳定的比例之和为 83.1%。在变化上，选择略有改善、没有变化和略有变差的比例分别为 22.6%、62.3% 和 15.1%。以最大模糊隶属度原则为依据，当前典型港口岸线附近河势较为稳定，港口岸线资源的开发利用对河势的稳定性没有影响。

9.2.2　社会环境影响评价

1. 自然景观影响

问题：当前港口岸线附近自然景观如何；岸线开发后与开发前对比，自然景观的变化。

描述性统计：表 9.2.7 为上述问题的描述性统计。

表 9.2.7　港口岸线资源开发利用自然景观影响评价调查统计

当前港口岸线附近自然景观如何			岸线开发后与开发前对比，自然景观的变化		
影响评价	频数	百分比/%	影响评价	频数	百分比/%
很好	1	1.9	明显改善	2	3.8
较好	7	13.2	略有改善	8	15.1
一般	22	41.5	没有变化	13	24.5
较差	21	39.6	略有变差	22	41.5
很差	2	3.8	明显变差	8	15.1
合计	53	100.0	合计	53	100.0

影响分析：现状方面，选择当前港口岸线附近自然景观一般和较差的比例分别为 41.5% 和 39.6%。在变化上，选择没有变化、略有变差和明显变差的比例分别为 24.5%、

41.5%和15.1%，表明当前典型港口岸线附近自然景观较差，港口岸线资源的开发利用对自然景观有一定的负面影响。

2. 人文景观影响

问题：岸线开发后与开发前对比，岸线利用对当地历史建筑（历史古迹）的影响。

描述性统计：表9.2.8为上述问题的描述性统计。

表 9.2.8　港口岸线资源开发利用人文景观影响评价调查统计

港口岸线开发后与开发前对比，岸线利用对当地历史建筑（历史古迹）的影响		
影响评价	频数	百分比/%
很协调	1	1.9
较协调	2	3.8
没有影响	36	67.9
不协调	14	26.4
很不协调	0	0.0
合计	53	100.0

影响分析：对岸线开发后与开发前进行对比，岸线利用对当地历史建筑（历史古迹）的影响，受访者选择没有影响和不协调的比例分别为67.9%和26.4%。这种选择与港口岸线附近一般没有历史建筑或历史古迹有关。

3. 交通条件影响

问题：当前港口岸线附近交通条件如何；岸线开发后与开发前对比，交通条件的变化。

描述性统计：表9.2.9为上述问题的描述性统计。

表 9.2.9　港口岸线资源开发利用交通条件影响评价调查统计

当前港口岸线附近交通条件如何			岸线开发后与开发前对比，交通条件的变化		
影响评价	频数	百分比/%	影响评价	频数	百分比/%
很好	14	26.4	明显改善	4	7.6
较好	21	39.6	略有改善	20	37.7
一般	15	28.3	没有变化	27	50.9
较差	3	5.7	略有变差	2	3.8
很差	0	0.0	明显变差	0	0.0
合计	53	100.0	合计	53	100.0

影响分析：现状方面，选择当前港口岸线附近交通条件很好、较好和一般的比例分别为26.4%、39.6%和28.3%。在变化上，选择略有改善和没有变化的比例分别为37.7%和50.9%，表明当前典型港口岸线附近的交通条件总体较好，港口岸线资源的开发利用

对局部交通条件有一定的改善作用。

9.2.3　满意度评价

问题：您对港口岸线资源开发利用的总体感觉如何。

描述性统计：表 9.2.10 为上述问题的描述性统计。

表 9.2.10　港口岸线满意度评价调查统计

您对港口岸线资源开发利用的总体感觉如何		
满意度评价	频数	百分比/%
很满意	2	3.8
比较满意	9	17.0
一般	16	30.2
不太满意	23	43.4
很不满意	3	5.6
合计	53	100.0

满意度分析：选择很满意、比较满意、一般、不太满意和很不满意的比例分别为 3.8%、17.0%、30.2%、43.4% 和 5.6%，从最大隶属度角度考虑，受访者对居民区附近港口岸线资源的开发利用总体不太满意。

9.2.4　影响评价评述

从普通民众感知的角度，在生态环境影响方面，位于城区或离居民区较近的港口岸线资源的开发利用对河流水质质量、局部空气质量和局部声环境会造成较大的负面影响，对动植物数量和河势稳定性的负面影响较小。在社会环境影响方面，位于城区或离居民区较近的港口岸线资源的开发利用对城市自然景观有一定的负面影响，对人文景观和交通条件的影响有限。在满意度方面，普通民众对港口岸线资源的开发利用总体不太满意。

9.3　防洪护岸与生态整治工程岸线保护的影响评价

9.3.1　生态环境影响评价

1. 岸线保护动物数量影响评价

问题：当前岸线附近鱼类、鸟类等动物的数量；岸线保护后鱼类、鸟类等动物数量的变化。

描述性统计：表 9.3.1 为上述问题的描述性统计。

表 9.3.1　岸线保护动物数量影响评价调查统计

当前岸线附近鱼类、鸟类等动物的数量			岸线保护后鱼类、鸟类等动物数量的变化		
影响评价	频数	百分比/%	影响评价	频数	百分比/%
很多	5	4.4	明显增加	2	1.8
较多	51	45.1	略有增加	40	35.4
一般	35	31.0	没有变化	39	34.5
较少	19	16.8	略有减少	29	25.6
很少	3	2.7	明显减少	3	2.7
合计	113	100.0	合计	113	100.0

影响分析：现状方面，选择当前岸线附近鱼类、鸟类等动物数量较多和一般的比例分别为 45.1% 和 31.0%，从最大模糊隶属度的角度看，当前典型防洪护岸与生态整治工程岸线附近鱼类、鸟类等动物数量较多。在变化上，选择略有增加、没有变化、略有减少的比例分别为 35.4%、34.5% 和 25.6%，表明受访者认为，防洪护岸与生态整治工程对动物数量影响较小。

2. 岸线保护植物数量影响评价

问题：当前岸线附近草地、芦苇等植物的数量；岸线保护后与保护前对比，草地、芦苇等植物数量的变化。

描述性统计：表 9.3.2 为上述问题的描述性统计。

表 9.3.2　岸线保护植物数量影响评价调查统计

当前岸线附近草地、芦苇等植物的数量			岸线保护后与保护前对比，草地、芦苇等植物数量的变化		
影响评价	频数	百分比/%	影响评价	频数	百分比/%
很多	8	7.1	明显增加	17	15.0
较多	58	51.3	略有增加	55	48.7
一般	31	27.4	没有变化	21	18.6
较少	14	12.4	略有减少	19	16.8
很少	2	1.8	明显减少	1	0.9
合计	113	100.0	合计	113	100.0

影响分析：现状方面，选择当前岸线附近草地、芦苇等植物数量较多和一般的比例分别为 51.3% 和 27.4%。在变化上，选择没有变化、略有增加和明显增加的比例分别为 18.6%、48.7% 和 15.0%，其中，略有增加和明显增加的比例之和达到了 63.7%，表明从受访者感知角度看，当前防洪护岸与生态整治工程岸线附近，植物数量较多，岸线保护后与保护前相比，植物数量增加较明显。

3. 岸线保护水质影响评价

问题：当前岸线附近河流水质质量如何；岸线保护后与保护前对比，河流水质质量的变化。

描述性统计：表 9.3.3 为上述问题的描述性统计。

表 9.3.3　岸线保护河流水质影响评价调查统计

当前岸线附近河流水质质量如何			岸线保护后与保护前对比，河流水质质量的变化		
影响评价	频数	百分比/%	影响评价	频数	百分比/%
很好	2	1.8	明显改善	5	4.4
较好	77	68.1	略有改善	55	48.7
一般	26	23.0	没有变化	33	29.2
较差	8	7.1	略有变差	19	16.8
很差	0	0.0	明显变差	1	0.9
合计	113	100.0	合计	113	100.0

影响分析：现状方面，选择当前岸线附近河流水质质量很好和较好的比例分别为 1.8%和 68.1%。在变化上，选择略有改善、没有变化和略有变差的比例分别为 48.7%、29.2%和 16.8%，表明当前岸线附近河流水质质量较好，防洪护岸与生态整治工程岸线对河流水质质量有一定的改善作用。

4. 岸线保护空气质量影响评价

问题：当前岸线附近空气质量如何；岸线保护后与保护前对比，空气质量的变化。

描述性统计：表 9.3.4 为上述问题的描述性统计。

表 9.3.4　岸线保护空气质量影响评价调查统计

当前岸线附近空气质量如何			岸线保护后与保护前对比，空气质量的变化		
影响评价	频数	百分比/%	影响评价	频数	百分比/%
很好	8	7.1	明显改善	8	7.1
较好	68	60.2	略有改善	54	47.8
一般	33	29.2	没有变化	33	29.2
较差	4	3.5	略有变差	18	15.9
很差	0	0.0	明显变差	0	0.0
合计	113	100.0	合计	113	100.0

影响分析：现状方面，选择当前岸线附近空气质量很好和较好的比例之和高达 67.3%。在变化上，选择略有改善、没有变化和略有变差的比例分别为 47.8%、29.2%和 15.9%，表明当前岸线附近空气质量较好，防洪护岸与生态整治工程岸线对空气质量有一定的改善作用。

5. 岸线稳定性影响评价

问题：当前岸线附近河势稳定性如何；岸线保护后与保护前对比，河势稳定性的变化。
描述性统计：表 9.3.5 为上述问题的描述性统计。

表 9.3.5 岸线稳定性影响评价调查统计

当前岸线附近河势稳定性如何			岸线保护后与保护前对比，河势稳定性的变化		
影响评价	频数	百分比/%	影响评价	频数	百分比/%
很稳定	51	45.1	明显改善	44	38.9
较稳定	61	54.0	略有改善	64	56.7
一般	1	0.9	没有变化	5	4.4
较不稳定	0	0.0	略有变差	0	0.0
不稳定	0	0.0	明显变差	0	0.0
合计	113	100.0	合计	113	100.0

影响分析：现状方面，选择当前岸线附近河势很稳定和较稳定的比例分别为 45.1%和54.0%，两者之和为 99.1%。在变化上，选择明显改善和略有改善的比例分别为 38.9%和56.7%，两者之和为 95.6%，表明从当地居民认知角度看，当前防洪护岸与生态整治工程岸线是非常稳定的，三峡库区防洪护岸与生态整治工程岸线对河势稳定性的改善作用是非常显著的，这也充分说明绝大部分防洪护岸与生态整治工程完全达到了稳定河势的基本目标。

9.3.2 社会环境影响评价

1. 岸线保护自然景观影响

问题：当前岸线附近自然景观如何；岸线保护后与保护前对比，自然景观的变化。
描述性统计：表 9.3.6 为上述问题的描述性统计。

表 9.3.6 岸线保护自然景观影响评价调查统计

当前岸线附近自然景观如何			岸线保护后与保护前对比，自然景观的变化		
影响评价	频数	百分比/%	影响评价	频数	百分比%
很好	8	7.1	明显改善	11	9.7
较好	87	77.0	略有改善	85	75.2
一般	16	14.1	没有变化	15	13.3
较差	2	1.8	略有变差	2	1.8
很差	0	0.0	明显变差	0	0.0
合计	113	100.0	合计	113	100.0

影响分析：现状方面，选择当前岸线附近自然景观很好和较好的比例分别为 7.1%和77.0%，两者之和为 84.1%。在变化上，选择明显改善和略有改善的比例分别为 9.7%和

75.2%，两者之和为 84.9%，表明典型防洪护岸与生态整治工程岸线附近的居民普遍认为，当前防洪护岸与生态整治工程岸线附近的自然景观是好的，防洪护岸与生态整治工程岸线对城市自然景观的改善作用是显著的，改善城市自然景观也是三峡库区防洪护岸与生态整治工程重要的目标之一。

2. 岸线保护人文景观影响

问题：岸线保护对当地历史建筑（历史古迹）的影响。
描述性统计：表 9.3.7 为上述问题的描述性统计。

表 9.3.7　岸线保护人文景观影响评价调查统计

岸线保护对当地历史建筑（历史古迹）的影响		
影响评价	频数	百分比/%
很协调	2	1.8
较协调	32	28.3
没有影响	79	69.9
不协调	0	0.0
很不协调	0	0.0
合计	113	100.0

影响分析：对于岸线保护对当地历史建筑（历史古迹）的影响，受访者选择较协调和没有影响的比例分别为 28.3% 和 69.9%，说明岸线保护对当地历史建筑或历史古迹的影响较小，这种选择可能与典型岸线附近少有历史建筑或历史古迹有关。

3. 岸线保护交通条件影响

问题：当前岸线附近交通条件如何；岸线保护后与保护前对比，交通条件的变化。
描述性统计：表 9.3.8 为上述问题的描述性统计。

表 9.3.8　岸线保护交通条件影响评价调查统计

当前岸线附近交通条件如何			岸线保护后与保护前对比，交通条件的变化		
影响评价	频数	百分比/%	影响评价	频数	百分比/%
很好	37	32.7	明显改善	21	18.6
较好	62	54.9	略有改善	71	62.8
一般	13	11.5	没有变化	19	16.8
较差	1	0.9	略有变差	2	1.8
很差	0	0.0	明显变差	0	0.0
合计	113	100.0	合计	113	100.0

影响分析：现状方面，选择当前岸线附近交通条件很好、较好和一般的比例分别为 32.7%、54.9% 和 11.5%。在变化上，选择明显改善和略有改善的比例分别为 18.6% 和

62.8%，两者之和达到 81.4%，表明多数防洪护岸与生态整治工程岸线附近的民众认为，当前防洪护岸与生态整治工程岸线附近的交通条件总体较好，岸线保护工程对局部交通条件的改善作用显著，这种选择可能与多数防洪护岸与生态整治工程沿岸均配套有道路改造工程有关。

4. 岸线附近休闲娱乐活动影响

问题：当前岸线附近休闲娱乐活动情况如何；岸线保护后与保护前对比，休闲娱乐活动人数的变化。

描述性统计：表 9.3.9 为上述问题的描述性统计。

表 9.3.9　岸线附近休闲娱乐活动影响评价调查统计

当前岸线附近休闲娱乐活动情况如何			岸线保护后与保护前对比，休闲娱乐活动人数的变化		
影响评价	频数	百分比/%	影响评价	频数	百分比/%
很多	7	6.2	明显增加	13	11.5
较多	61	54.0	略有增加	78	69.0
一般	32	28.3	没有变化	22	19.5
较少	11	9.7	略有减少	0	0.0
很少	2	1.8	明显减少	0	0.0
合计	113	100.0	合计	113	100.0

影响分析：现状方面，选择当前岸线附近休闲娱乐活动人数较多和一般的比例分别为 54.0% 和 28.3%。在变化上，选择明显增加、略有增加和没有变化的比例分别为 11.5%、69.0% 和 19.5%，表明当前防洪护岸与生态整治工程岸线附近休闲娱乐活动的人数较多，库区防洪护岸与生态整治工程岸线对改善工程所在地居民的生活条件，提高当地民众生活水平有重要的积极作用。

5. 岸线保护居民文明行为影响

问题：岸线保护对当地居民不乱丢垃圾、不随地吐痰等文明行为的影响。

描述性统计：表 9.3.10 为上述问题的描述性统计。

表 9.3.10　岸线保护居民文明行为影响评价调查统计

岸线保护对当地居民不乱丢垃圾、不随地吐痰等文明行为的影响		
影响评价	频数	百分比/%
明显改善	4	3.5
略有改善	64	56.7
没有变化	45	39.8
略有变差	0	0.0
明显变差	0	0.0
合计	113	100.0

影响分析：对于岸线保护对当地居民不乱丢垃圾、不随地吐痰等文明行为的影响，受访者选择略有改善和没有变化的比例较大，分别为 56.7% 和 39.8%，说明多数民众认为，防洪护岸与生态整治工程对当地居民的文明行为有一定的积极影响。

6. 岸线保护旅游业影响

问题：当前岸线附近外地游客数量如何；岸线保护后与保护前对比，旅游人数的变化。
描述性统计：表 9.3.11 为上述问题的描述性统计。

表 9.3.11　岸线保护旅游业影响评价调查统计

当前岸线附近外地游客数量如何			岸线保护后与保护前对比，旅游人数的变化		
影响评价	频数	百分比/%	影响评价	频数	百分比/%
很多	15	13.3	明显增加	15	13.3
较多	38	33.6	略有增加	50	44.2
一般	40	35.4	没有变化	48	42.5
较少	20	17.7	略有减少	0	0.0
很少	0	0.0	明显减少	0	0.0
合计	113	100.0	合计	113	100.0

影响分析：现状方面，选择当前岸线附近外地游客数量很多、较多和一般的比例分别为 13.3%、33.6% 和 35.4%。在变化上，选择略有增加和没有变化的比例分别为 44.2% 和 42.5%，表明当前典型防洪护岸与生态整治工程岸线附近的游客数量总体一般，对于有旅游资源的区域而言，防洪护岸与生态整治工程岸线对旅游有一定的改善作用。

7. 岸线保护资产价格影响

问题：相对于本市其他区域而言，当前岸线附近资产价格（房价、地产价）如何；岸线保护后与保护前对比，资产价格的变化。
描述性统计：表 9.3.12 为上述问题的描述性统计。

表 9.3.12　岸线保护资产价格影响评价调查统计

当前岸线附近资产价格（房价、地产价）如何			岸线保护后与保护前对比，资产价格的变化		
影响评价	频数	百分比/%	影响评价	频数	百分比/%
很高	11	9.7	明显上涨	38	33.6
较高	76	67.3	略有上涨	69	61.1
一般	25	22.1	没有变化	6	5.3
较低	1	0.9	略有下降	0	0.0
很低	0	0.0	明显下降	0	0.0
合计	113	100.0	合计	113	100.0

影响分析：现状方面，选择当前岸线附近资产价格很高、较高和一般的比例分别为 9.7%、67.3%和 22.1%。在变化上，选择明显上涨和略有上涨的比例分别为 33.6%和 61.1%，两者之和达到 94.7%，表明当地多数民众认为，当前防洪护岸与生态整治工程岸线附近的房产等资产价格较高，库区防洪护岸与生态整治工程岸线对沿岸资产价格的上涨影响显著。

8. 岸线保护城市发展影响

问题：岸线保护后与保护前对比，岸线附近城市发展的变化。

描述性统计：表 9.3.13 为上述问题的描述性统计。

表 9.3.13　岸线保护城市发展影响评价调查统计

岸线保护后与保护前对比，岸线附近城市发展的变化		
影响评价	频数	百分比/%
明显加快	10	8.9
略有加快	90	79.6
没有变化	13	11.5
略有变慢	0	0.0
明显变慢	0	0.0
合计	113	100.0

影响分析：对于岸线保护对城市发展的影响，受访者选择明显加快、略有加快和没有变化的比例分别为 8.9%、79.6%和 11.5%，说明多数民众认为，防洪护岸与生态整治工程对城市发展有一定的积极影响。

9.3.3　满意度评价

问题：您对防洪护岸与生态整治工程岸线保护的总体感觉如何。

描述性统计：表 9.3.14 为上述问题的描述性统计。

表 9.3.14　防洪护岸与生态整治工程岸线保护满意度评价调查统计

您对防洪护岸与生态整治工程岸线保护的总体感觉如何		
满意度评价	频数	百分比/%
很满意	31	27.4
比较满意	65	57.5
一般	16	14.2
不太满意	1	0.9
很不满意	0	0.0
合计	113	100.0

满意度分析：选择很满意、比较满意、一般的比例分别为 27.4%、57.5% 和 14.2%，选择不太满意、很不满意的比例之和仅为 0.9%，表明库区多数民众对防洪护岸与生态整治工程是满意的。

9.3.4　影响评价评述

从普通民众感知的角度，三峡库区防洪护岸与生态整治工程对库区生态环境和社会环境的影响总体是积极和正面的。

在生态环境影响方面，防洪护岸与生态整治工程对库区岸线稳定性的改善作用是显著的，对沿岸植被的改善是明显的，对河流水质质量和局部空气质量也有比较明显的改善作用。

在社会环境影响方面，防洪护岸与生态整治工程对改善城市自然景观、加快城市发展有显著的积极作用，同时其也是沿岸资产价格上涨的主要因素，防洪护岸与生态整治工程对改善沿岸交通条件、提高当地居民生活水平作用明显，防洪护岸与生态整治工程对城市居民文明行为和当地旅游业的发展有一定的积极影响。

在满意度方面，普通民众对库区防洪护岸与生态整治工程总体是满意的。

9.4　跨江大桥岸线资源开发利用的影响评价

本节调查的对象为服务于城市交通的跨江大桥附近的居民。

9.4.1　生态环境影响评价

1. 跨江大桥岸线动物影响评价

问题：当前岸线附近鱼类、鸟类等动物的数量；岸线利用后与利用前对比，鱼类、鸟类等动物数量的变化。

描述性统计：表 9.4.1 为上述问题的描述性统计。

表 9.4.1　跨江大桥岸线资源开发利用动物影响评价调查统计

当前岸线附近鱼类、鸟类等动物的数量			岸线利用后与利用前对比，鱼类、鸟类等动物数量的变化		
影响评价	频数	百分比/%	影响评价	频数	百分比/%
很多	0	0.0	明显增加	0	0.0
较多	4	15.4	略有增加	2	7.7
一般	14	53.8	没有变化	13	50.0
较少	8	30.8	略有减少	10	38.5
很少	0	0.0	明显减少	1	3.8
合计	26	100.0	合计	26	100.0

影响分析：现状方面，选择当前岸线附近鱼类、鸟类等动物数量一般和较少的比例分别为 53.8%和 30.8%。在变化上，选择没有变化和略有减少的比例分别为 50.0%和 38.5%，表明受访者认为，典型跨江大桥岸线资源开发利用对生态的影响有限。

2. 跨江大桥岸线植物影响评价

问题：当前岸线附近草地、芦苇等植物的数量；岸线利用后与利用前对比，草地、芦苇等植物数量的变化。

描述性统计：表 9.4.2 为上述问题的描述性统计。

表 9.4.2　跨江大桥岸线资源开发利用植物影响评价调查统计

当前岸线附近草地、芦苇等植物的数量			岸线利用后与利用前对比，草地、芦苇等植物数量的变化		
影响评价	频数	百分比/%	影响评价	频数	百分比/%
很多	0	0.0	明显增加	3	11.5
较多	10	38.5	略有增加	2	7.7
一般	13	50.0	没有变化	18	69.3
较少	3	11.5	略有减少	3	11.5
很少	0	0.0	明显减少	0	0.0
合计	26	100.0	合计	26	100.0

影响分析：现状方面，选择当前岸线附近草地、芦苇等植物数量较多和一般的比例分别为 38.5%和 50.0%。在变化上，选择没有变化的比例高达 69.3%，表明受访者认为，典型跨江大桥岸线资源开发利用对岸线附近草地、芦苇等植物的影响不大。该调查结论在一定程度上说明，库区某些跨江大桥岸线资源在开发利用的同时，在岸线修复和美化等方面有待提升。

3. 跨江大桥岸线空气质量影响评价

问题：当前岸线附近空气质量如何；岸线利用后与利用前对比，空气质量的变化。

描述性统计：表 9.4.3 为上述问题的描述性统计。

表 9.4.3　跨江大桥岸线资源开发利用空气质量影响评价调查统计

当前岸线附近空气质量如何			岸线利用后与利用前对比，空气质量的变化		
影响评价	频数	百分比/%	影响评价	频数	百分比/%
很好	0	0.0	明显改善	0	0.0
较好	4	15.4	略有改善	1	3.8
一般	12	46.1	没有变化	12	46.2
较差	10	38.5	略有变差	13	50.0
很差	0	0.0	明显变差	0	0.0
合计	26	100.0	合计	26	100.0

影响分析：现状方面，选择当前岸线附近空气质量一般和较差的比例分别为 46.1% 和 38.5%。在变化上，选择没有变化和略有变差的比例分别为 46.2% 和 50.0%，表明受访者认为，当前跨江大桥岸线附近空气质量一般或略偏差，而跨江大桥对当地空气质量有一定的负面影响。

4. 跨江大桥岸线噪声影响评价

问题：当前岸线附近噪声的大小；岸线利用后与利用前对比，噪声大小的变化。

描述性统计：表 9.4.4 为上述问题的描述性统计。

表 9.4.4　跨江大桥岸线资源开发利用噪声影响评价调查统计

当前岸线附近噪声的大小			岸线利用后与利用前对比，噪声大小的变化		
影响评价	频数	百分比/%	影响评价	频数	百分比/%
很大	0	0.0	明显增大	1	3.8
较大	8	30.8	略有增大	15	57.7
一般	16	61.5	没有变化	9	34.7
较小	2	7.7	略有减小	1	3.8
很小	0	0.0	明显减小	0	0.0
合计	26	100.0	合计	26	100.0

影响分析：现状方面，选择当前岸线附近噪声较大和一般的比例分别为 30.8% 和 61.5%。在变化上，选择略有增大和没有变化的比例分别为 57.7% 和 34.7%，表明位于跨江大桥岸线附近的居民认为，跨江大桥上通行车辆所产生的噪声尚可接受，相对于岸线资源开发利用前，跨江大桥岸线资源开发利用以后，通行车辆产生的噪声明显增加。

5. 跨江大桥岸线岸线稳定影响评价

问题：当前岸线附近河势稳定性如何；岸线利用后与利用前对比，河势稳定性的变化。

描述性统计：表 9.4.5 为上述问题的描述性统计。

表 9.4.5　跨江大桥岸线资源开发利用河势稳定性影响评价调查统计

当前岸线附近河势稳定性如何			岸线利用后与利用前对比，河势稳定性的变化		
影响评价	频数	百分比/%	影响评价	频数	百分比/%
很稳定	4	15.4	明显改善	1	3.9
较稳定	20	76.9	略有改善	7	26.9
一般	2	7.7	没有变化	18	69.2
较不稳定	0	0.0	略有变差	0	0.0
不稳定	0	0.0	明显变差	0	0.0
合计	26	100.0	合计	26	100.0

影响分析：现状方面，选择当前岸线附近河势较稳定和很稳定的比例之和为 92.3%。在变化上，选择略有改善和没有变化的比例分别为 26.9%和 69.2%。以最大模糊隶属度原则为依据，当前典型跨江大桥岸线附近河势较为稳定，岸线资源的开发利用对河势的稳定性没有影响。

9.4.2 社会环境影响评价

1. 自然景观影响

问题：当前岸线附近自然景观如何；岸线利用后与利用前对比，自然景观的变化。
描述性统计：表 9.4.6 为上述问题的描述性统计。

表 9.4.6 跨江大桥岸线资源开发利用自然景观影响评价调查统计

当前岸线附近自然景观如何			岸线利用后与利用前对比，自然景观的变化		
影响评价	频数	百分比/%	影响评价	频数	百分比/%
很好	2	7.7	明显改善	2	7.7
较好	13	50.0	略有改善	13	50.0
一般	11	42.3	没有变化	11	42.3
较差	0	0.0	略有变差	0	0.0
很差	0	0.0	明显变差	0	0.0
合计	26	100.0	合计	26	100.0

影响分析：表 9.4.6 中数据表明，受访者认为，对于所考察的跨江大桥岸线，岸线附近的自然景观一般偏好，而相对于利用前、利用后的岸线自然景观改善不明显。

2. 人文景观影响

问题：岸线开发后与开发前对比，岸线利用对当地历史建筑（历史古迹）的影响。
描述性统计：表 9.4.7 为上述问题的描述性统计。

表 9.4.7 跨江大桥岸线资源开发利用人文景观影响评价调查统计

岸线开发后与开发前对比，岸线利用对当地历史建筑（历史古迹）的影响		
影响评价	频数	百分比/%
很协调	0	0.0
较协调	3	11.5
没有影响	22	84.6
不协调	1	3.9
很不协调	0	0.0
合计	26	100.0

影响分析：对于岸线开发后与开发前对比岸线利用对当地历史建筑（历史古迹）的影响，受访者选择没有影响的比例高达 84.6%。这种选择与被考察跨江大桥岸线附近没有历史建筑或历史古迹有关。

3. 交通条件影响

问题：当前岸线附近交通条件如何；岸线开发后与开发前对比，交通条件的变化。

描述性统计：表 9.4.8 为上述问题的描述性统计。

表 9.4.8　跨江大桥岸线资源开发利用交通条件影响评价调查统计

当前岸线附近交通条件如何			岸线开发后与开发前对比，交通条件的变化		
影响评价	频数	百分比/%	影响评价	频数	百分比/%
很好	19	73.1	明显改善	18	69.2
较好	7	26.9	略有改善	8	30.8
一般	0	0.0	没有变化	0	0.0
较差	0	0.0	略有变差	0	0.0
很差	0	0.0	明显变差	0	0.0
合计	26	100.0	合计	26	100.0

影响分析：现状方面，选择当前岸线附近交通条件很好和较好的比例分别为 73.1% 和 26.9%。在变化上，选择明显改善和略有改善的比例分别为 69.2% 和 30.8%，表明跨江大桥岸线资源的开发利用对当地交通条件的改善作用显著，这也是跨江大桥的主要目的所在。

4. 旅游业影响

问题：当前岸线附近外地游客数量如何；岸线利用后与利用前对比，旅游人数的变化。

描述性统计：表 9.4.9 为上述问题的描述性统计。

表 9.4.9　跨江大桥岸线资源开发利用旅游业影响评价调查统计

当前岸线附近外地游客数量如何			岸线利用后与利用前对比，旅游人数的变化		
影响评价	频数	百分比/%	影响评价	频数	百分比/%
很多	1	3.9	明显增加	0	0.0
较多	9	34.6	略有增加	19	73.1
一般	16	61.5	没有变化	7	26.9
较少	0	0.0	略有减少	0	0.0
很少	0	0.0	明显减少	0	0.0
合计	26	100.0	合计	26	100.0

影响分析：现状方面，选择当前岸线附近外地游客数量较多和一般的比例分别为 34.6% 和 61.5%。在变化上，选择略有增加和没有变化的比例分别为 73.1% 和 26.9%，表明在当地居民看来，跨江大桥岸线资源的开发利用对旅游业有一定的改善作用。

5. 资产价格影响

问题：相对于本市其他区域而言，当前岸线附近资产价格（房价、地产价）如何；岸线利用后与利用前对比，资产价格的变化。

描述性统计：表 9.4.10 为上述问题的描述性统计。

表 9.4.10　跨江大桥岸线资源开发利用资产价格影响评价调查统计

当前岸线附近资产价格（房价、地产价）如何			岸线利用后与利用前对比，资产价格的变化		
影响评价	频数	百分比/%	影响评价	频数	百分比/%
很高	5	19.2	明显上涨	4	15.4
较高	19	73.1	略有上涨	19	73.1
一般	2	7.7	没有变化	3	11.5
较低	0	0.0	略有下降	0	0.0
很低	0	0.0	明显下降	0	0.0
合计	26	100.0	合计	26	100.0

影响分析：现状方面，选择当前岸线附近资产价格很高、较高和一般的比例分别为 19.2%、73.1% 和 7.7%。在变化上，选择明显上涨和略有上涨的比例分别为 15.4% 和 73.1%，两者之和达到 88.5%，表明当地多数民众认为，当前跨江大桥岸线附近的房产等资产价格较高，库区跨江大桥岸线资源的开发利用对沿岸资产价格的上涨影响显著。

6. 城市发展影响

问题：岸线利用后与利用前对比，岸线附近城市发展的变化。

描述性统计：表 9.4.11 为上述问题的描述性统计。

表 9.4.11　跨江大桥岸线资源开发利用城市发展影响评价调查统计

岸线利用后与利用前对比，岸线附近城市发展的变化		
影响评价	频数	百分比/%
明显加快	4	15.4
略有加快	19	73.1
没有变化	3	11.5
略有变慢	0	0.0
明显变慢	0	0.0
合计	26	100.0

影响分析：对于岸线资源开发利用对城市发展的影响，受访者选择明显加快、略有加快和没有变化的比例分别为 15.4%、73.1% 和 11.5%，说明多数民众认为，跨江大桥对城市发展有较大的积极影响。

9.4.3　满意度评价

问题：您对跨江大桥岸线资源开发利用的总体感觉如何。

描述性统计：表 9.4.12 为上述问题的描述性统计。

表 9.4.12　跨江大桥岸线资源开发利用满意度评价调查统计

您对跨江大桥岸线资源开发利用的总体感觉如何		
满意度评价	频数	百分比/%
很满意	10	38.5
比较满意	15	57.7
一般	1	3.8
不太满意	0	0.0
很不满意	0	0.0
合计	26	100.0

满意度分析：选择很满意、比较满意、一般、不太满意和很不满意的比例分别为 38.5%、57.7%、3.8%、0.0 和 0.0，其中，很满意和比较满意的比例之和为 96.2%，表明受访者对跨江大桥岸线资源的开发利用整体是满意的。

9.4.4　影响评价评述

从有限的调查问卷中可以看出，三峡库区跨江大桥岸线资源的开发利用对当地生态环境和社会环境的积极影响大于负面影响。

在生态环境影响方面，跨江大桥对局部空气质量和局部声环境会造成一定的负面影响，对动植物等生态环境的影响有限。

在社会环境影响方面，跨江大桥岸线资源的开发利用对提高城市交通水平、加快城市两岸发展有显著的积极影响，对促进城市旅游业和改善城市自然景观有一定的作用，对两岸资产价格的上涨有明显影响。

在满意度方面，普通民众对库区跨江大桥总体是满意的。

9.5　岸线保护利用影响对比分析

9.5.1　岸线资源开发利用空气质量影响对比分析

从现实情况看，港口岸线和跨江大桥岸线资源的开发利用对局部空气质量均有一定的负面影响，表 9.5.1 为基于调查问卷的两类岸线资源开发利用对空气质量影响情况的对比。

表 9.5.1 港口岸线与跨江大桥岸线资源开发利用空气质量影响对比

港口岸线空气质量影响			跨江大桥岸线空气质量影响		
影响评价	频数	百分比/%	影响评价	频数	百分比/%
明显改善	0	0.0	明显改善	0	0.0
略有改善	3	5.7	略有改善	1	3.8
没有变化	8	15.1	没有变化	12	46.2
略有变差	26	49.0	略有变差	13	50.0
明显变差	16	30.2	明显变差	0	0.0
合计	53	100.0	合计	26	100.0

从表 9.5.1 中数据可以看出，虽然两类岸线资源开发利用对附近局部空气质量均有负面影响，但港口岸线资源的开发利用对居民空气环境的影响更为负面。这种差距可能来自港口岸线不会给附近居民带来直接效用，而跨江大桥给附近居民带来的效用既直接又明显。

9.5.2 岸线资源开发利用声环境影响对比分析

对于港口岸线和跨江大桥岸线而言，其开发利用均会引起岸线附近噪声一定程度的增大，从而对局部声环境产生影响，表 9.5.2 为基于调查问卷的两类岸线资源开发利用对声环境影响情况的对比。

表 9.5.2 港口岸线与跨江大桥岸线资源开发利用声环境影响对比

港口岸线声环境影响评价			跨江大桥岸线声环境影响评价		
影响评价	频数	百分比/%	影响评价	频数	百分比/%
明显增大	12	22.6	明显增大	1	3.9
略有增大	31	58.5	略有增大	15	57.7
没有变化	10	18.9	没有变化	9	34.6
略有减小	0	0.0	略有减小	1	3.8
明显减小	0	0.0	明显减小	0	0.0
合计	53	100.0	合计	26	100.0

表 9.5.2 中数据表明，两类岸线资源开发利用产生的噪声对附近居民均有负面影响，但港口岸线资源的开发利用对居民声环境的负面影响更为明显。其原因与岸线资源开发利用对空气质量影响的原因类似。

9.5.3 岸线保护利用城市自然景观影响对比分析

从岸线保护利用多目标角度看，防洪护岸与生态整治工程岸线和跨江大桥岸线都有美化城市自然景观的目标，表 9.5.3 为基于调查问卷的防洪护岸与生态整治工程岸线保护和跨江大桥岸线资源开发利用对城市自然景观影响情况的对比。

表 9.5.3　防洪护岸与生态整治工程岸线和跨江大桥岸线自然景观影响对比

防洪护岸与生态整治工程岸线自然景观影响			跨江大桥岸线自然景观影响		
影响评价	频数	百分比/%	影响评价	频数	百分比/%
明显改善	11	9.7	明显改善	2	7.7
略有改善	85	75.2	略有改善	13	50.0
没有变化	15	13.3	没有变化	11	42.3
略有变差	2	1.8	略有变差	0	0.0
明显变差	0	0.0	明显变差	0	0.0
合计	113	100.0	合计	26	100.0

从表 9.5.3 中数据可以看出，防洪护岸与生态整治工程岸线对城市景观的积极影响比较明显，而跨江大桥岸线资源的开发利用对城市自然景观的改善作用不太明显。造成这种差距的原因可能是两类工程建设时间的不同：考察的防洪护岸与生态整治工程岸线的建设时间较晚，而考察的跨江大桥的建设时间较早，工程建设越晚，对美化城市功能的要求就越高。

9.5.4　岸线保护利用资产价格影响对比分析

理论上，防洪护岸与生态整治工程岸线和跨江大桥岸线都会对岸线附近的房产、地产等资产价格产生影响。表 9.5.4 为基于调查问卷的防洪护岸与生态整治工程岸线保护和跨江大桥岸线资源开发利用对资产价格影响情况的对比。

表 9.5.4　防洪护岸与生态整治工程岸线和跨江大桥岸线资产价格影响对比

防洪护岸与生态整治工程岸线资产价格影响			跨江大桥岸线资产价格影响		
影响评价	频数	百分比/%	影响评价	频数	百分比/%
明显上涨	38	33.6	明显上涨	4	15.4
略有上涨	69	61.1	略有上涨	19	73.1
没有变化	6	5.3	没有变化	3	11.5
略有下降	0	0.0	略有下降	0	0.0
明显下降	0	0.0	明显下降	0	0.0
合计	113	100.0	合计	26	100.0

从表 9.5.4 中数据可以看出，防洪护岸与生态整治工程岸线对岸线的保护和跨江大桥对岸线资源的开发利用都会对沿岸资产价格的上涨有显著的促进作用，相比之下，防洪护岸与生态整治工程岸线的影响更为显著。

9.5.5 岸线保护利用城市发展影响对比分析

理论上，防洪护岸与生态整治工程岸线保护和跨江大桥岸线资源开发利用都会对城市空间拓展有促进作用。表 9.5.5 为基于调查问卷的防洪护岸与生态整治工程岸线保护和跨江大桥岸线资源开发利用对城市发展影响情况的对比。

表 9.5.5　防洪护岸与生态整治工程岸线和跨江大桥岸线城市发展影响对比

防洪护岸与生态整治工程岸线城市发展影响			跨江大桥岸线城市发展影响		
影响评价	频数	百分比/%	影响评价	频数	百分比/%
明显加快	10	8.9	明显加快	4	15.4
略有加快	90	79.6	略有加快	19	73.1
没有变化	13	11.5	没有变化	3	11.5
略有变慢	0	0.0	略有变慢	0	0.0
明显变慢	0	0.0	明显变慢	0	0.0
合计	113	100.0	合计	26	100.0

表 9.5.5 中的数据说明，多数受访者认为，防洪护岸与生态整治工程的岸线保护和跨江大桥岸线资源的开发利用对库区城市空间拓展有显著的正向影响，而且两者的影响程度相当，这个结论与作者现场考察的结论是一致的。

9.5.6 岸线保护利用满意度对比分析

民众对库区港口岸线资源开发利用、防洪护岸与生态整治工程岸线保护、跨江大桥岸线资源开发利用的满意度及总体满意度列于表 9.5.6 中。

表 9.5.6　库区岸线资源保护利用满意度情况

满意度评价	港口岸线		防洪护岸与生态整治工程岸线		跨江大桥岸线		总体	
	频数	百分比/%	频数	百分比/%	频数	百分比/%	频数	百分比/%
很满意	2	3.8	31	27.4	10	38.5	43	22.4
比较满意	9	17.0	65	57.5	15	57.7	89	46.3
一般	16	30.2	16	14.2	1	3.8	33	17.2
不太满意	23	43.4	1	0.9	0	0.0	24	12.5
很不满意	3	5.6	0	0.0	0	0.0	3	1.6
合计	53	100.0	113	100.0	26	100.0	192	100.0

总体上看，普通民众对库区岸线资源开发利用是满意的，其中，对防洪护岸与生态整治工程岸线的保护、跨江大桥岸线的利用满意度较高，对位于城市附近的港口岸线资源的开发利用满意度较低，处于不太满意的水平。

第 10 章

三峡库区港口岸线资源利用合理性评价实践

　　本章以重庆港涪陵港区黄旗作业区一期等 4 个港口码头为例，对第 6 章提出的单一港口岸线资源开发利用合理性评价指标体系与评价方法进行实践；基于区域港口岸线开发利用合理性评价指标体系，从合规性、环境满足性、集约性和开发利用效率等方面，对三峡库区内各区县的港口岸线利用合理性进行评价与对比分析；基于指标体系，从集约性和开发利用效率两个方面对比分析三峡库区与长江干流五省（市）在港口岸线开发利用上的合理性；基于 DEA 模型，在库区内部分析各区县港口岸线利用的相对有效性，在外部分析长江干流五省（市）港口岸线利用的相对有效性。

10.1 单一港口岸线资源利用合理性评价

10.1.1 案例评价实施过程

以重庆港涪陵港区黄旗作业区一期为例展开合理性评价的具体实施过程。

重庆港涪陵港区黄旗作业区一期岸线位于长江左岸，港口类型为集装箱及滚装码头，3 000 t 级泊位 3 个，占用岸线长度 736 m，货物吞吐量约 346×10⁴ t/a。码头结构形式为直立式，岸线稳定，码头岸线呈凹形，附近江面较宽。码头与居民的距离约为 150 m，且位于城市江岸，从对岸繁华市区观察，码头对城市市容有较大影响。

1. 生态环境约束满足性

生态环境约束满足性指港口码头的开发利用对水环境容量限制、大气环境限制、水生生物环境限制、自然环境改善及人文景观限制的满足性。根据第 6 章的研究分析，本小节的生态环境约束满足性指标按《长江流域综合规划（2012—2030 年）》中关于长江流域岸线资源开发利用与保护的区域划分取值，即港口位于开发利用区时取 1.00，位于控制利用区时取 0.75，位于保留区时取 0.50，位于保护区时取 0.00。查阅《长江岸线保护和开发利用总体规划》，重庆港涪陵港区黄旗作业区一期岸线位于控制利用区，因此其生态环境约束满足性取值为 $f_1=0.75$。

2. 社会经济发展需求匹配性

1）岸线利用与区域规划匹配性

《重庆市涪陵区城乡总体规划（2015—2035 年）》对涪陵区客运港区规划的描述如下：为支撑涪陵区全域旅游、沿江辐射的战略，规划布局"一主一辅"两处客运港口。"一主"指黄旗港区，为旅游客运枢纽港，为长江三峡、乌江百里画廊和"大武陵山"三大国际旅游圈的游客提供服务。"一辅"为既有的蔺市游船作业区，位于蔺市镇梨香溪河口，服务于国家级特色小镇的休闲旅游。也就是说，现在的重庆港涪陵港区黄旗作业区一期岸线利用将从货运改为客运，但仍然为港口码头，因此认为重庆港涪陵港区黄旗作业区一期的岸线利用对区域发展规划的匹配性为弱匹配，取值为 $f_{21}=0.50$。

2）岸线利用与行业规划匹配性

《重庆港涪陵港区总体规划》的描述如下：逐步取消涪陵港区三桥之间的货运码头功能，涪陵港区货运作业区以龙头、石沱、李渡、白涛等为主。也就是说，现在的重庆港涪陵港区黄旗作业区一期不符合行业发展总体规划，因此取 $f_{22}=0.00$。

3）岸线利用效率

由于资料有限，这里采用单位岸线长度货运能力来表示港口码头的岸线利用效率，即

$$f_{23} = E / E_{\max}$$

式中：E 为被评港口单位岸线长度的货运能力，查阅《重庆港涪陵港区总体规划》对现状的描述，重庆港涪陵港区黄旗作业区一期单位岸线长度的货运能力为 $740 \times 10^4 \div 736 = 1.005 \times 10^4$ t/（m·a）；E_{max} 为评价区域内单位岸线长度货运能力的最大值，即效率最高的港口单位岸线长度的货运能力，根据《重庆港涪陵港区总体规划》对现状的描述，涪陵区货运效率最高的是特固建材码头，其单位岸线长度的货运能力为 $219 \times 10^4 \div 140 = 1.564 \times 10^4$ t/（m·a）。

因此，有

$$f_{23} = E \div E_{max} = 1.005 \div 1.564 = 0.642\,6$$

4）社会经济发展需求匹配性评价

$$f_2 = (f_{21} + f_{22} + f_{23}) \div 3 = (0.50 + 0.00 + 0.642\,6) \div 3 = 0.381$$

3. 自然条件适宜性

岸前水深与水面宽度适宜性取 $f_{31} = 1.00$，取值依据为码头处于长江干流，水面较宽。河势稳定性取值 $f_{32} = 1.00$，依据为码头结构形式为直立式，岸线稳定，码头岸线呈凹形。后方陆域宽度适宜性取值 $f_{33} = 0.50$，依据为根据实地勘测，后方陆域宽度约为 700 m。交通便利性取值 $f_{34} = 0.75$，依据为码头附近有 G348。

自然条件适宜性取值为

$$f_3 = (f_{31} + f_{32} + f_{33} + f_{34}) \div 4 = (1.00 + 1.00 + 0.50 + 0.75) \div 4 = 0.812\,5$$

4. 权重计算

$$w_1 = \frac{w_1^{(0)} \times (f_1 + 0.01)^{-2}}{\sum\limits_{j=1}^{3} w_j^{(0)} \times (f_j + 0.01)^{-2}} = 0.177\,6$$

$$w_2 = \frac{w_2^{(0)} \times (f_2 + 0.01)^{-2}}{\sum\limits_{j=1}^{3} w_j^{(0)} \times (f_j + 0.01)^{-2}} = 0.670\,8$$

$$w_3 = \frac{w_3^{(0)} \times (f_3 + 0.01)^{-2}}{\sum\limits_{j=1}^{3} w_j^{(0)} \times (f_j + 0.01)^{-2}} = 0.151\,6$$

5. 重庆港涪陵港区黄旗作业区一期岸线利用合理性评价

$$\begin{aligned} f_{GD} &= w_1 f_1 + w_2 f_2 + w_3 f_3 \\ &= 0.177\,6 \times 0.75 + 0.670\,8 \times 0.381 + 0.151\,6 \times 0.812\,5 = 0.511\,9 \end{aligned}$$

评价结论：重庆港涪陵港区黄旗作业区一期岸线利用不合理，主要原因是重庆港涪陵港区黄旗作业区一期岸线利用不符合涪陵区中远期规划和涪陵港区中期行业规划。

10.1.2 涪陵区典型港口岸线利用合理性评价

利用相同的方法与资料来源对重庆市涪陵区典型港口码头岸线利用合理性进行评价，得到如表 10.1.1 所示的结果。由于典型码头都处于控制利用区，且珍溪码头与攀华码头都符合行业规划要求，所以除重庆港涪陵港区黄旗作业区一期外，所选择的典型港口码头岸线利用的合理性评价结论均为较合理。

表 10.1.1 重庆市涪陵区典型港口码头岸线利用合理性评价

指标	子指标	重庆港涪陵港区黄旗作业区一期	珍溪码头	攀华码头	特固建材码头
生态环境约束满足性	岸线功能区划取值 f_1	0.75	0.75	0.75	0.75
社会经济发展需求匹配性	区域规划的匹配性 f_{21}	0.50	0.75	1.00	0.75
	行业规划的匹配性 f_{22}	0.00	1.00	1.00	0.75
	岸线利用效率 f_{23}	0.642 6	0.479	0.320	1.00
	$f_2=(f_{21}+f_{22}+f_{23})/3$	0.381	0.743	0.773	0.833
自然条件适宜性	岸前水深与水面宽度适宜性 f_{31}	1.00	1.00	0.75	1.00
	河势稳定性 f_{32}	1.00	0.75	1.00	0.75
	后方陆域宽度适宜性 f_{33}	0.50	0.5	1.00	0.5
	交通便利性 f_{34}	0.75	0.5	0.75	0.75
	$f_3=(f_{31}+f_{32}+f_{33}+f_{34})/4$	0.812 5	0.687 5	0.875	0.75
权重	w_1	0.177 6	0.287 9	0.373 2	0.355 5
	w_2	0.670 8	0.370 4	0.351 6	0.289 0
	w_3	0.151 6	0.341 8	0.275 2	0.355 5
合理性得分 f_{GD}		0.511 9	0.726 1	0.792 6	0.774 1
合理性评价		不合理	较合理	较合理	较合理

10.2 三峡库区港口岸线开发利用合理性评价

以第 6 章提出的指标体系为基础进行三峡库区内各区县港口岸线开发利用的合理性评价，即从合规性、环境满足性、集约性和开发利用效率几个方面展开评价。

10.2.1 合规性评价

合规性评价是评价一个区域港口码头涉河建设方案许可的情况，获得水行政许可的港口码头岸线均被认为是合规的。根据 2018 年水利部长江水利委员会《长江干流岸线保护和利用专项检查行动工作报告》的统计结果，库区各区域港口岸线的使用许可获得情况如表 10.2.1 所示。

表 10.2.1　库区港口码头合规情况统计表

区县	码头总数	未获得许可	水利部长江水利委员会许可	地方许可	许可合计	获得许可占比/%
江津区	9	6	3	0	3	33.33
主城区	156	124	20	12	32	20.51
长寿区	27	17	3	3	6	22.22
涪陵区	45	2	0	0	0	0.00
丰都县	40	29	7	4	11	27.50
忠县	26	18	5	3	8	30.77
石柱土家族自治县	13	12	1	0	1	7.69
万州区	69	58	8	3	11	15.94
云阳县	55	51	0	4	4	7.27
奉节县	20	17	0	3	3	15.00
巫山县	12	12	0	0	0	0.00
巴东县	11	10	1	0	1	9.09
秭归县	15	11	2	2	4	26.67
夷陵区	2	1	0	1	1	50.00
合计	500	368	50	35	85	17.00

从表 10.2.1 中的统计数据可以看出，截至 2018 年 6 月，三峡库区已开发港口码头共 500 个，其中未获得许可的港口码头达到 368 个，占比为 73.60%，获得许可的港口码头合计为 85 个，占比仅为 17.00%。对比可以看出，获得涉河方案许可比例最高的为夷陵区，也只有 50.00%，石柱土家族自治县、云阳县及巴东县获得涉河许可的比例均不足 10%，可以说三峡库区港口岸线开发利用获得涉河建设方案许可的比例很低。从合规性的角度看，截至 2018 年上半年，三峡库区港口岸线需要加大力度进行清理整顿。

10.2.2　环境满足性评价

以《岸线规划》的岸线功能区划为依据，用各区县港口岸线满足功能区划的比例来评价各区县港口岸线的环境满足性。根据 2018 年水利部长江水利委员会《长江干流岸线保护和利用专项检查行动工作报告》的统计结果，库区各区县港口码头项目功能区划的分布情况如表 10.2.2 所示。

表 10.2.2　三峡库区港口码头项目功能区划分布情况

区县	码头总数	开发利用区	控制利用区	保留区	保护区	利用区占比/%	保留保护区占比/%
江津区	9	2	6	0	1	88.89	11.11
主城区	156	35	106	8	7	90.38	9.62
巴南区	23	0	19	3	1	82.61	17.39
渝北区	2	0	1	0	1	50.00	50.00
长寿区	27	0	27	0	0	100.00	0.00
涪陵区	45	0	38	6	1	84.44	15.56
丰都县	40	25	10	5	0	87.50	12.50
忠县	26	14	12	0	0	100.00	0.00
石柱土家族自治县	13	5	3	0	5	61.54	38.46
万州区	69	10	36	23	0	66.67	33.33
云阳县	55	0	21	34	0	38.18	61.82
奉节县	20	9	0	11	0	45.00	55.00
巫山县	12	0	11	1	0	91.67	8.33
巴东县	11	0	8	3	0	72.73	27.27
秭归县	15	0	14	0	1	93.33	6.67
夷陵区	2	0	2	0	0	100.00	0
合计	525	100	314	94	17	78.86	21.14

从表 10.2.2 中的统计数据可以看出：总体上，截至 2018 年 6 月，三峡库区已开发的 525 个港口码头中，位于开发利用区的有 100 个，占比 19.05%，位于控制利用区的有 314 个，占比 59.81%，两者之和为 414 个，占比 78.86%；位于保留区的有 94 个，占比 17.90%，位于保护区的有 17 个，占比 3.24%，两者之和为 111 个，占比 21.14%。因此，总体上三峡库区港口岸线的环境满足性仍然有很大的改善空间。

从区县对比来看，江津区、主城区、巴南区、长寿区、涪陵区、丰都县、忠县、巫山县、秭归县、夷陵区港口岸线分布在利用区的比例较高，均超过 80%，而渝北区、云阳县、奉节县、石柱土家族自治县、万州区港口岸线分布在保留区或保护区的比例较高，均超过 30%，其中渝北区、云阳县、奉节县港口岸线分布在保留区或保护区的比例均超过 50%。因此，库区部分区县港口岸线的环境满足性需要进行较大力度的改善。

10.2.3　集约性评价

区域港口岸线资源开发利用的集约性评价包括公用码头数量的占比、生产用泊位长度占比等。

1. 库区公用港口码头数量占比分析

本小节将库区港口码头分为公用码头、专用码头和其他类型码头，公用码头主要指公用货运码头与客运码头，专用码头指电厂燃煤运输码头、建材公司物料及产品运输码头、石油石化公司的石油运输码头等专门为公司的生产经营所建设的专门码头，以及海事、水上公安、港航等部门的支持码头，其他类型码头主要指水上餐饮、娱乐码头等。根据 2018 年水利部长江水利委员会《长江干流岸线保护和利用专项检查行动工作报告》的统计成果，三峡库区各区县港口码头的类型分布情况如表 10.2.3 所示。

表 10.2.3　三峡库区各区县港口码头类型分布情况

区县	码头总数	公用码头数	专用码头数	其他类型码头数	公用码头占比/%	专用码头占比/%	其他类型码头占比/%
江津区	9	2	5	2	22.22	55.56	22.22
主城区	156	45	89	22	28.85	57.05	14.10
巴南区	23	3	14	6	13.04	60.87	26.09
渝北区	2	0	2	0	0.00	100.00	0.00
长寿区	27	15	11	1	55.56	40.74	3.70
涪陵区	45	8	37	0	17.78	82.22	0.00
丰都县	40	9	30	1	22.50	75.00	2.50
忠县	26	10	16	0	38.46	61.54	0.00
石柱土家族自治县	13	7	6	0	53.85	46.15	0.00
万州区	69	33	30	6	47.82	43.48	8.70
云阳县	55	9	44	2	16.36	80.00	3.64
奉节县	20	6	14	0	30.00	70.00	0.00
巫山县	12	5	7	0	41.67	58.33	0.00
巴东县	11	6	5	0	54.55	45.45	0.00
秭归县	15	9	6	0	60.00	40.00	0.00
夷陵区	2	2	0	0	100.00	0.00	0.00
合计	525	169	316	40	32.19	60.19	7.62

从表 10.2.3 中的统计数据可以看出：总体上，截至 2018 年 6 月，三峡库区已开发的 525 个港口码头中，公用码头为 169 个，占比 32.19%，专用码头 316 个，占比 60.19%，其他类型码头 40 个，占比 7.62%。因此，总体上看，三峡库区公用码头占比并不高，扣除客运码头，公用码头数量的占比更低，库区餐饮等娱乐类型的码头占比为 7.62%，该比例较高。因此未来库区港口码头整合的重点是清理专用码头，或者专用码头公用化，特别注重清理、整顿餐饮娱乐码头。

从区县对比来看，长寿区、万州区、石柱土家族自治县、忠县、巫山县、秭归县、巴东县、夷陵区公用码头占比较高，而涪陵区、巴南区、云阳县及渝北区公用码头数占比较低，对于库区公用码头数占比较低的区县应加大力度清理整顿，特别是主城区，其餐饮娱乐码头数量达到 22 个，占比为 14.10%，需要重点清理整顿。

2. 库区生产用泊位长度占比分析

生产用泊位长度占港口岸线利用长度的比例可以从另一个角度考察港口岸线利用的集约性。表 10.2.4 为三峡库区各区县港口生产用泊位长度占港口岸线利用长度的比例，其中生产用泊位长度资料来自 2019 年《中国港口年鉴》，港口岸线利用长度来自 2018 年水利部长江水利委员会核查成果。

表 10.2.4　三峡库区各区县港口生产用泊位长度占比情况

区县	港口岸线利用长度/m	生产用泊位长度/m	生产用泊位长度占比/%
长寿区	13 090	3 321	25.37
涪陵区	16 240	11 970	73.71
丰都县	9 460	3 126	33.04
忠县	8 020	3 978	49.60
石柱土家族自治县	2 360	650	27.54
万州区	18 100	7 098	39.22
云阳县	6 280	2 618	41.69
奉节县	2 300	1 300	56.52
秭归县	6 690	3 500	52.32
库区总体	82 540	37 561	45.51

注：部分区县相关资料缺失。

从表 10.2.4 中的统计数据可以看出：总体上，库区平均生产用泊位长度占港口岸线利用长度的比例为 45.51%，不到 50%，说明客运码头、海事公安等支持码头、餐饮娱乐类码头的泊位长度占比较高。从区县对比看，涪陵区、奉节县、秭归县生产用泊位长度占比较高，比例均超过 50%。主城区生产用泊位长度占比不高的原因可能是其客运码头、餐饮娱乐类码头泊位长度占比较高。

10.2.4　开发利用效率评价

港口岸线开发利用效率评价主要从单位岸线长度货物吞吐量来衡量，表 10.2.5 为三峡库区单位岸线长度货物吞吐量情况。

表 10.2.5　三峡库区单位岸线长度货物吞吐量情况

区县	港口岸线利用长度/m	货物吞吐量/（10^4t）	单位岸线长度货物吞吐量/（t/m）
长寿区	13 090	1 233	942
涪陵区	16 240	3 072	1 892
丰都县	9 460	613	648
忠县	8 020	697	869
万州区	18 100	3 692	2 040
云阳县	6 280	956	1 522
奉节县	2 300	159	691
秭归县	6 690	645	964
库区总体	80 180	11 067	9 568

注：部分区县资料缺失。

从表 10.2.5 中的统计数据可以看出，万州区、涪陵区的港口岸线资源开发利用效率较高，而长寿区、丰都县、忠县、奉节县和秭归县的港口岸线资源开发利用效率较低。

10.3　库区内外港口岸线资源开发利用合理性对比分析

对三峡库区港口岸线资源开发利用的有关指标与库区外其他区域港口岸线资源开发利用的有关指标进行对比分析，以期找出库区港口岸线资源利用的优势及存在的问题。分析中，用重庆市的整体资料代表库区情况，对比的其他区域包括湖北省、江西省、安徽省和江苏省。

10.3.1　集约性对比分析

考虑资料的可获得性，本小节采用生产用泊位数（长度）占比、集装箱吞吐量占比等指标表示各区域港口岸线资源利用的集约性。

1. 生产用泊位数（长度）占比对比分析

表 10.3.1 为长江干流五省（市）生产用泊位数（长度）占比统计情况。表中数据的来源为 2019 年《中国港口年鉴》。

表 10.3.1　长江干流五省（市）生产用泊位数（长度）占比统计情况

省（市）	泊位数/个	生产用泊位数/个	生产用泊位数占比/%	泊位长度/m	生产用泊位长度/m	生产用泊位长度占比/%
重庆市	1 022	664	64.97	84 626	63 760	75.34
湖北省	1 523	1 221	80.17	—	100 315	—
江西省	1 638	1 207	73.69	67 980	55 687	81.92
安徽省	1 007	867	86.10	—	70 852	—
江苏省（内河）	6 741	5 289	78.46	435 714	404 218	92.77

注：湖北省与安徽省泊位长度资料缺失。

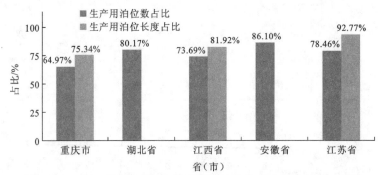

图 10.3.1　长江干流五省（市）生产用泊位数（长度）占比对比图

从表 10.3.1 和图 10.3.1 可以看出，代表三峡库区的重庆市港口生产用泊位数占泊位总数的比例为 64.97%，相对于江西省的 73.69% 和江苏省的 78.46% 偏低，生产用泊位长度占比为 75.34%，相对于江西省的 81.92% 和江苏省的 92.77% 也是偏低的，说明三峡库区已开发利用的港口岸线用于生产的比例较低，这也意味着用于客运、支持或餐饮娱乐的码头岸线较多。因此，从生产用港口岸线的角度看，三峡库区港口岸线资源开发利用的集约性有较大的改善空间。

2. 集装箱吞吐量占比对比分析

一个区域的集装箱吞吐量占货物吞吐量的比例越高，说明该区域大规模港口码头的数量越多，港口岸线利用的集约性越高。表 10.3.2 和图 10.3.2 为长江干流五省（市）的相关统计情况。

表 10.3.2　长江干流五省（市）集装箱吞吐量占比对比情况

省（市）	货物吞吐量/（10^4 t）	集装箱吞吐量/（10^4 TEU）	集装箱吞吐量/（10^4 t）	集装箱吞吐量占比/%
重庆市	20 443.7	117.00	1 540	7.53
湖北省	34 620	194.00	2 911	8.41
江西省	24 488	62.00	858	3.50
安徽省	51 134.97	148.73	1 339	2.62
江苏省（内河）	227 218	1 306.00	16 949	7.46

数据来源：2019 年《中国港口年鉴》。

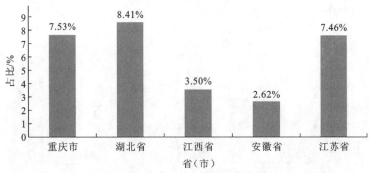

图 10.3.2　长江干流五省（市）集装箱吞吐量占比对比图

从表 10.3.2 和图 10.3.2 可以看出，重庆市集装箱吞吐量占全市港口货物吞吐量的比例为 7.53%，略低于湖北省的 8.41%，与江苏省的 7.46%基本持平，明显高于江西省的 3.50%和安徽省的 2.62%，但低于全国（内河）平均值 7.82%（《中国港口年鉴》），显著低于全国最高值，即广东省（内河）的 26.1%（《中国港口年鉴》）。从集装箱吞吐量占比的角度，三峡库区岸线资源利用的集约性有进一步提高的空间。

10.3.2　开发利用效率对比分析

港口岸线资源开发利用效率可以从单位港口岸线长度货物吞吐量、单位泊位集装箱吞吐量等方面来对比评价。从现有可获得的资料看，用生产用泊位长度与生产用泊位数量替代港口岸线利用长度与泊位总数来进行分析。

1. 单位生产用泊位长度货物吞吐量对比分析

表 10.3.3 为长江干流五省（市）单位生产用泊位长度货物吞吐量统计情况。表 10.3.3 中数据的来源为 2019 年《中国港口年鉴》。注意到，表 10.3.3 中重庆市货物吞吐量数值与《重庆统计年鉴》的数值略有差别，为保持可比性，表 10.3.3 中的数据均采用《中国港口年鉴》中的数据。

表 10.3.3　长江干流五省（市）单位生产用泊位长度货物吞吐量对比情况

省（市）	泊位长度/m	生产用泊位长度/m	货物吞吐量/（10^4 t）	单位泊位长度货物吞吐量/（t/m）	单位生产用泊位长度货物吞吐量（t/m）
重庆市	84 626	63 760	20 443.70	2 416	3 206
湖北省	—	100 315	34 620.00	—	3 451
江西省	67 980	55 687	24 488.00	3 602	4 397
安徽省	—	70 852	51 134.97	—	7 217
江苏省（内河）	435 714	404 218	227 218.00	5 215	5 621

注：湖北省与安徽省泊位长度资料缺失。

此外，表 10.3.3 中计算结果在图 10.3.3 中进行了展示。

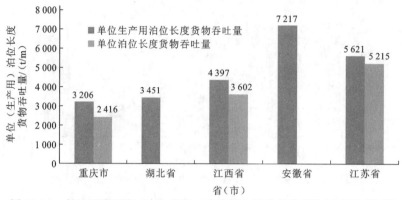

图 10.3.3　长江干流五省（市）单位（生产用）泊位长度货物吞吐量对比图

从表 10.3.3 和图 10.3.3 中信息可以看出：重庆市单位生产用泊位长度的货物吞吐量为 3 206 t/m，略低于湖北省的 3 451 t/m，明显低于江西省的 4 397 t/m，显著低于安徽省的 7 217 t/m 和江苏省的 5 621 t/m；重庆市单位泊位长度的货物吞吐量为 2 416 t/m，与江西省的 3 602 t/m 和江苏省的 5 215 t/m 的差距更为明显。这说明，三峡库区现有已开发的港口岸线资源的开发利用效率与长江干流其他四省有较大的差距，提高空间很大。

2. 单位泊位集装箱吞吐量对比分析

以泊位个数为单位，对比分析长江干流五省（市）单位泊位的集装箱吞吐量，从另一个角度了解三峡库区港口岸线资源的开发利用效率。仍然采用 2019 年《中国港口年鉴》中的有关数据，统计结果如表 10.3.4 及图 10.3.4 所示。

表 10.3.4　长江干流五省（市）单位泊位集装箱吞吐量对比情况

省（市）	泊位数/个	生产用泊位数/个	集装箱吞吐量/（10⁴ TEU）	单位泊位集装箱吞吐量/（TEU/个）	单位生产用泊位集装箱吞吐量/（TEU/个）
重庆市	1 022	664	117.00	1 145	1 762
湖北省	1 523	1 221	194.00	1 274	1 589
江西省	1 638	1 207	62.00	379	514
安徽省	1 007	867	148.73	1 477	1 715
江苏省（内河）	6 741	5 289	1 306.00	1 937	2 469

从表 10.3.4 和图 10.3.4 中信息可以看出：重庆市单位生产用泊位的集装箱吞吐量为 1 762 TEU/个，与湖北省的 1 589 TEU/个及安徽省的 1 715 TEU/个基本持平，明显高于江西省的 514 TEU/个，但低于江苏省的 2 469 TEU/个；以泊位数计，重庆市单位泊位的集装箱吞吐量为 1 145 TEU/个，明显低于江苏省的 1 937 TEU/个。这说明，从泊位开发利用效率的角度看，三峡库区现有已开发的港口岸线资源的开发利用效率与长江干流开发利用效率较高的江苏省仍然有较大的差距，因此，仍有提高空间。

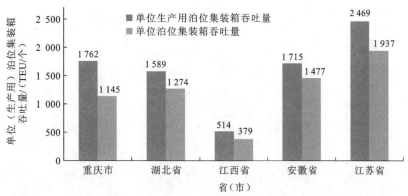

图 10.3.4　长江干流五省（市）单位（生产用）泊位集装箱吞吐量对比图

10.4　基于 DEA 模型的库区港口岸线资源利用相对有效性评价

DEA 模型是评价相同 DMU 相对有效性的最理想的工具之一。从内部看，库区各区县的港口业是显著的具有相同投入和产出的同类 DMU，因此可以借助 DEA 模型计算三峡库区内部各区县港口岸线资源利用的相对有效性，计算结果可以给出哪些区县的港口岸线利用是相对有效的，哪些是相对无效的。对于港口岸线相对无效的区县，计算成果还可以给出无效的原因及改进的方向。

从库区内外对比来看，三峡库区港口业与长江干流其他省份的港口业也是具有相同投入和产出的同类 DMU，应用 DEA 模型可以了解三峡库区港口岸线利用相对于其他省份港口岸线利用是否相对有效，若相对无效，也可以了解无效的方向并提出改进措施。

10.4.1　库区内部各区县港口岸线利用相对有效性评价

1. 投入产出指标

投入指标：从区域港口岸线资源利用的角度，区域港口业的投入指标有岸线利用长度、泊位长度、生产用泊位长度、港口码头数、泊位数、生产用泊位数、占地面积、就业人数等。其中，有些指标具有较强的相关性，有些指标有较差的可获得性。因此，在计算过程中需要进行组合计算，以从不同的角度了解各区县港口岸线利用的相对有效性。

产出指标：区域港口业的产出指标主要有港口货物吞吐量、集装箱吞吐量、港口业增加值等。其中，港口货物吞吐量是最为主要的产出指标，且各区县有明确可查的数据，集装箱吞吐量则代表区域港口岸线利用的集约性，但库区部分区县无该项数据，港口业增加值无统计数据，本小节用交通运输、仓储及邮政业增加值代替。资料来源于各区统计年鉴、2019 年《中国港口年鉴》等。库区各区县港口业投入产出指标如表 10.4.1 所示。

表 10.4.1 库区各区县港口业投入产出指标

区县	产出指标		投入指标		
	货物吞吐量/（10^4 t）	交通运输、仓储及邮政业增加值/亿元	岸线长度/m	泊位数/个	生产用泊位数/个
长寿区	1 233	55.30	13 090	43	25
涪陵区	3 072	79.68	16 240	111	99
丰都县	613	8.08	9 460	33	27
忠县	697	15.69	8 020	53	40
万州区	3 692	96.82	18 100	107	73
云阳县	956	11.86	6 280	45	35
奉节县	159	20.78	2 300	26	16
秭归县	645	14.90	6 690	39	34

注：部分区县资料缺失。

2. 岸线长度与泊位数为投入指标的计算

1）相对有效性计算

以货物吞吐量和交通运输、仓储及邮政业增加值为产出指标，以港口岸线利用长度、泊位数为投入指标，将表 10.4.1 中的有关数据代入以投入为导向的 DEA 模型中，利用 DEAP2.1 软件进行计算，得到如表 10.4.2 所示的相对有效性结果。

表 10.4.2 库区各区县港口业相对有效性效率值

区县	综合效率	纯技术效率	规模效率	规模效率递减（drs）或递增（irs）
长寿区	1.000	1.000	1.000	—
涪陵区	0.886	0.896	0.989	irs
丰都县	0.538	1.000	0.538	irs
忠县	0.388	0.661	0.587	irs
万州区	1.000	1.000	1.000	—
云阳县	0.700	0.956	0.732	irs
奉节县	0.830	1.000	0.830	irs
秭归县	0.479	0.863	0.555	irs

表 10.4.2 中综合效率是用 C^2R 模型计算得到的相对效率值，当其值为 1 时，说明该 DMU 至少有一个维度处在综合效率前沿面上，当其值小于 1 时，说明该 DMU 的所有维度均不在综合效率前沿面上。当一个 DMU 的综合效率为 1 时，其纯技术效率也为 1，

反之，则不成立。

规模效率等于综合效率除以纯技术效率，其值为 1 时，表示该 DMU 既综合有效，又纯技术有效，表明该 DMU 一定是相对有效的。该值小于 1 时有两种情况：其一，综合效率小于 1，纯技术效率等于 1，表示该 DMU 纯技术相对有效，但规模相对无效，表明在现有技术条件不变的情况下，改变其规模可改善综合效率，如表 10.4.2 中的丰都县，规模效率为 0.538，纯技术效率为 1.000，由于其规模较小，综合效率偏低，故对于丰都县而言，其港口岸线利用为规模效率递增（irs）；其二，纯技术效率和综合效率均小于 1，此时，该 DMU 一定相对无效。

通常情况下，用 BC^2 模型获得的纯技术效率评判 DMU 的相对有效性，当该值为 1 时，认为该 DMU 相对有效，否则，相对无效。

从表 10.4.2 中的计算结果来看，长寿区、丰都县、万州区、奉节县的纯技术效率为 1，表明这几个区域港口岸线的开发利用相对于其他区县来说更为有效，其中：丰都县、奉节县由于规模较小，其综合效率较低；涪陵区、忠县、云阳县及秭归县的港口岸线利用均不在纯技术效率前沿面上，所以相对无效。

2）投影分析

投影分析可以找出相对无效区域港口岸线利用无效的方向和程度，表 10.4.3 中所列数据为各区县的投影分析结果。

表 10.4.3　相对无效各区县投入产出指标松弛变量

区县	产出指标的松弛变量		投入指标的松弛变量	
	货物吞吐量/（10^4 t）	交通运输、仓储及邮政业增加值/亿元	岸线长度/m	泊位数/个
涪陵区	0	1.10	1 603.13	16
忠县	0	21.64	2 715.95	18
云阳县	0	27.98	270.00	2
秭归县	0	16.85	916.12	6

表 10.4.3 中的数据可以用来解释相对无效区县的无效原因，以涪陵区为例，涪陵区纯技术效率为 0.896，不在纯技术效率前沿面上，其原因是对涪陵区现有港口业产出规模而言，其港口岸线利用长度过长，超过有效长度 1 603.13 m，泊位数太多，超过有效泊位数 16 个（15.39 个），而且交通运输、仓储及邮政业增加值要增加 1.10 亿元。或者说，在现有港口货物吞吐量不变的情况下，交通运输、仓储及邮政业增加值多产出 1.10 亿元，港口岸线利用长度减少 1 603.13 m，泊位数减少 16 个，涪陵区的港口岸线资源利用就会相对有效。

此外，表 10.4.3 中的数据还可以解释涪陵区、忠县、云阳县和秭归县港口岸线利用相对无效的原因，在一定程度上为这些区县提高港口岸线利用效率提供参考方向。

3. 岸线长度与生产用泊位数为投入指标的计算

以货物吞吐量和交通运输、仓储及邮政业增加值为产出指标，以港口岸线利用长度、生产用泊位数为投入指标，目的是了解库区生产用港口岸线资源利用的相对有效性。将表 10.4.1 中的有关数据代入以投入为导向的 DEA 模型中，利用 DEAP2.1 软件进行计算，得到如表 10.4.4 和表 10.4.5 所示的相对有效性结果。

表 10.4.4　三峡库区港口业相对有效性效率值（生产用泊位数）

区县	综合效率	纯技术效率	规模效率	规模效率递减（drs）或递增（irs）
长寿区	1.000	1.000	1.000	—
涪陵区	0.886	0.896	0.989	irs
丰都县	0.449	0.733	0.613	irs
忠县	0.388	0.589	0.659	irs
万州区	1.000	1.000	1.000	—
云阳县	0.700	0.882	0.794	irs
奉节县	0.830	1.000	0.830	irs
秭归县	0.429	0.670	0.640	irs

表 10.4.5　相对无效各区县投入产出指标松弛变量（生产用泊位数）

区县	产出指标的松弛变量		投入指标的松弛变量	
	货物吞吐量/（10^4 t）	交通运输、仓储及邮政业增加值/亿元	岸线长度/m	生产用泊位数/个
涪陵区	0	1	1 603	10
丰都县	0	27	3 918	7
忠县	0	18	3 290	16
云阳县	0	23	718	4
秭归县	0	18	2 207	11

从表 10.4.4 和表 10.4.5 中数据可以看出，以生产用泊位数为投入指标所计算的相对有效性结果与以泊位数为投入指标的计算结果大致相同，只有丰都县的计算结果有较大的变化，即丰都县在港口岸线长度方面超出有效前沿面较多，从集约利用岸线资源的角度看，丰都县的港口岸线有较大的清理整合空间。

10.4.2　长江干流五省（市）港口岸线利用相对有效性评价

1. 投入产出指标及其数据来源

理论上，长江干流各省（市）之间港口岸线利用相对有效性评价的投入产出指标与库区内部区县的相对有效性评价的指标是一致的，但考虑到资料的可获得性，本小节产出指标取港口业货物吞吐量、集装箱吞吐量，投入指标取长江干流港口岸线利用长度、泊位数，具体如表 10.4.6 所示。

表 10.4.6　长江干流五省（市）港口岸线利用相对有效性评价投入产出指标

省（市）	产出指标		投入指标	
	货物吞吐量/（10^4 t）	集装箱吞吐量/（10^4 TEU）	长江干流港口岸线利用长度/km	泊位数/个
重庆市	20 444	117	129.5	1 022
湖北省	34 620	194	167.8	1 523
江西省	24 488	62	35.2	1 638
安徽省	51 135	148.73	80.3	1 007
江苏省（内河）	227 218	1 306	293.7	6 741

表 10.4.6 中长江干流港口岸线利用长度来自 2018 年水利部长江水利委员会《长江干流岸线保护和利用专项检查行动工作报告》的统计成果，其余数据来源于《中国港口年鉴》。

2. 计算结果与分析

将表 10.4.6 中数据代入 DEA 模型中，得到如表 10.4.7 和表 10.4.8 所示的结果。

表 10.4.7　长江干流五省（市）港口岸线利用相对有效性效率值

省（市）	综合效率	纯技术效率	规模效率	规模效率递减（drs）或递增（irs）
重庆市	0.592	0.985	0.601	irs
湖北省	0.663	0.808	0.821	irs
江西省	0.899	1.000	0.899	irs
安徽省	1.000	1.000	1.000	—
江苏省	1.000	1.000	1.000	—

表 10.4.8　重庆市投入产出指标松弛变量

地区	产出指标		投入指标	
	货物吞吐量/(10^4 t)	集装箱吞吐量/（10^4 TEU）	长江干流港口岸线利用长度/km	泊位数/个
重庆市	0	31.73	49.2	15

表 10.4.7 和表 10.4.8 中结果显示：从综合效率的角度看，代表三峡库区的重庆市港口岸线利用的综合效率为 0.592，在长江干流五省（市）的排名在最后，说明三峡库区港口岸线的利用效率较低；从纯技术效率的角度看，重庆市港口岸线利用的纯技术效率为 0.985，相对于长江干流其他省份来说也是偏低的。此外，由投影分析的结果可知，重庆市港口岸线利用相对无效的原因是长江干流港口岸线开发利用长度多出了 49.2 km，泊位数多出了 15 个，而且集装箱吞吐量需要再增加 31.73×10^4 TEU。

需要说明的是，DEA 模型要求 DMU 数大于投入产出指标的 2.5 倍，这样才有利于形成有效的效率前沿面，本小节选择长江干流五省（市）进行对比分析，数量偏少，因此计算结果仅供参考。

第 11 章

三峡库区岸线管理
措施和建议

本章依据我国岸线保护及规划的法律法规与管理制度，结合第7~9章节实践研究成果，针对三峡库区岸线管理现状和潜在问题，提出10点针对三峡库区岸线管理的相关措施和建议，以期为我国岸线资源规划、管理以及保护等方面提供理论依据，供广大水利及水资源管理和岸线、港口航道管理从业者、生态保护行业专家及相关专业读者讨论和参考。

1. 明确岸线资源保护利用指导思想

2016 年 1～2018 年 4 月,习近平总书记多次到重庆市与湖北省考察,全面、深刻阐述了推动长江经济带发展的重大战略思想,强调:当前和今后相当长一个时期,要把修复长江生态环境摆在压倒性位置,共抓大保护,不搞大开发。因此,对于三峡库区岸线资源保护利用而言,要将"共抓大保护、不搞大开发""生态优先、绿色发展"作为一切工作的指导思想和行动指南。

2. 精细化岸线资源需求分析

岸线资源需求是岸线保护利用规划的基础,只有岸线资源需求预测准确,岸线保护利用规划才能科学合理。

(1)按需求划分岸线资源类型。从保护利用需求的角度看,未来三峡库区有关主体对岸线资源的需求有生产用需求、生活用需求、防洪需求和生态环境保护需求等。其中,生产用需求包括港口岸线需求、工业生产岸线需求、跨江设施岸线需求等。因此,从方便精细化需求分析的角度,将三峡库区岸线资源划分为港口岸线、工业仓储岸线、跨江设施岸线、防洪护岸工程岸线、生态整治工程岸线、取排水设施岸线、其他类型岸线。

(2)精细化需求预测方法。建议水利部三峡司等有关部门针对"三峡库区岸线资源需求分析"专题立项,由水利部长江水利委员会等有关部门组织成立专项课题组,放弃线性化发展思维,综合考虑社会、经济、环境、生态、技术等方面的相互作用关系,研究既科学又可行的预测方法,对三峡库区各类岸线资源的需求展开精细化的中长期预测,为今后制定各类发展规划提供科学依据。

3. 优化整合港口岸线

港口岸线资源的优化利用是库区港口可持续发展的前提,其内涵包括港口岸线资源利用规划的科学化、港口岸线资源利用的集约化、港区功能综合化等,从而实现库区经济效益、社会效益与生态效益三者的统一。

(1)科学制定库区港口岸线资源利用规划。综合考虑区域经济发展需求、地区之间产业结构的差异及区域间协同发展、库区生态环境约束,科学制定区域港口岸线资源利用总体规划,以总体规划为龙头,各行政区域及各港区制定相应的详细规划和专项规划。港口规划批准后,未经规定程序任何单位和个人不得随意更改。如需修订或调整港口规划,应由当地政府提出,并按规定程序报批。

(2)加快库区岸线资源优化整合。扩建符合总体规划的港口码头,或者在符合总体规划的前提下新建较大规模的现代化集装箱码头和大宗干散货码头等。完成现有港口岸线利用的合理性评价,以合理性评价为依据,优化整合港口岸线资源,如关停规模较小且占用岸线资源较多的码头,转移位于城市市区内的不符合总体规划的港口码头,关停并转移位于支流上规模较小的码头,使港口岸线资源得到高效利用。

(3)优化港口作业区泊位功能布局。支持现有码头按照集约化要求调整泊位功能,按功能连片式布置、改造，实现作业区装卸规模化、货种专业化，支持作业能力有富余的企业自备码头提供社会化物流服务。积极推进公用码头与企业自备码头、企业自备码头与企业自备码头之间的合作经营。支持企业自备码头通过资产重组等方式成立专门的港口经营公司。

4. 实现防洪护岸与生态整治工程岸线保护多功能化

防洪护岸与生态整治工程除了防洪和稳定库岸的功能外，还有改善生态环境、改善城市景观、促进城市发展等多种功能。

（1）促进多方协调，实现统筹规划。健全政府与部门之间的组织协调机制，加强水利、交通、园林、国土等部门的多方合作，结合防洪安全、库岸稳定、生态修复、滨江景观等任务和目标，进行统筹规划设计，以实现防洪护岸与生态整治工程岸线的多功能利用。

（2）因地制宜，促进岸线保护多功能协调。岸线各部分的地形地貌、地质结构及河道演变规律不尽相同，应根据岸线保护工程的功能定位，遵循生态规划、生态设计、生态建造施工的原则，因地制宜地选择合适的护岸形式和结构体系，改善城市滨江水陆环境、景观状况及居住条件，促进社会经济的可持续发展。由于防洪护岸与生态整治工程对社会经济及生态环境均有正面作用，应保证其应有空间不受侵占，对乱占滥用、过度开发等问题开展综合整治，以恢复岸线的防洪和生态功能，确保城市生活、旅游休闲等不受影响。

5. 注重跨江设施岸线环保与景观功能

对于未来城市跨江设施的设计、建造，除了考虑设施本身结构和造型与周围环境是否协调外，还要将跨江设施所占用岸线的自然环境与景观改善纳入总体设计中。对于现有城市跨江设施的岸线，要实施以稳定岸线和美化岸线环境为目的的护岸改造工程，使城市跨江设施岸线与周围自然环境相协调，以改善岸线附近自然环境与城市生活环境。

6. 建立岸线资源保护利用规划协调制度

1）厘清规划协调关系

区域岸线规划与流域规划的协调关系：库区省市、区县有关岸线资源保护与开发利用的各种规划必须服从流域综合规划、长江岸线资源保护和开发利用总体规划、流域防洪规划的总体安排。

区域间岸线规划的协调关系：库区内各区县在港口岸线开发利用、工业与仓储岸线开发利用等方面既要考虑局部利益，又要从提高岸线利用效率的角度考虑全局利益，即从自然条件、优势互补、集约发展、错位发展等角度协调各区县有关岸线资源开发利用的各项规划，提高岸线资源开发利用的效率，从而实现库区岸线资源的可持续利用。

岸线功能规划的协调关系：考虑功能区划约束，协调区域岸线资源保护规划与开发利用规划；考虑岸线资源的多功能性，协调防洪规划、生态环境保护规划、交通规划、旅游规划、城市发展规划等，尽可能实现岸线资源的多属性功能，如防洪与生态环境保护规划相结合，生态环境保护与旅游规划相结合，防洪、生态环境保护与城市发展规划相结合等，形成多功能结合的综合规划。

2）建立规划协调制度

（1）建立两级规划协调小组。上一级市级协调小组，如由重庆市发展规划部门等负责组建，各区县发展规划部门和流域机构（水利部长江水利委员会）参加，负责各区县岸线规划的协调工作。下一级区县协调小组，由区县发展规划部门负责组建，水利、交通、环保、国土、旅游、港航等部门参加，负责区县岸线规划的协调工作。

（2）协调工作制度。上级协调小组负责制定总体规划原则和目标、规划进度计划，定期主持召开区县间规划协调工作会议。下级协调小组负责传达上级协调小组有关岸线规划的宏观指导思想，制定本区县岸线规划总体原则和目标、规划进度计划，定期召开规划协调工作会议，协调本区县各功能岸线规划，并向上级协调小组汇报本区县岸线规划成果。

7. 充分利用审批制度

依据流域机构（水利部长江水利委员会）与库区各地方水行政主管部门的审批范围和权限，进一步规范和细化库区岸线资源保护与开发利用项目的审批流程，以长江流域岸线保护和开发利用总体规划为约束，以岸线规划、防洪标准、航运与生态环境保护等为依据，严格执行论证充分、资料齐全、流程规范的项目审批程序，充分利用审批制度，确保库区岸线资源保护和开发利用的有效性与合理性。

8. 强化监督检查制度

三峡库区涉及的行政区包括湖北省和重庆市，由一省一市根据长江总体规划制定地方具体规划及管理要求来进行库区岸线的管理工作，各个区县根据省市规划及要求落实相关工作，各个部门根据任务分配情况进行具体执行。提高岸线资源的管理效率要注重库区总体、一省一市、各个区县、各个部门间工作的协调和配合，统一对岸线管理的思路和定位，明确分工，形成合力，使得岸线管控工作程序化、规范化。基层部门对岸线利用项目加强督查，对岸线资源保护及开发利用过程中的各项工作实行定期检查与不定期"飞检"，尤其是对消落区岸线整治项目审批后的建设情况、施工期管理及库容保护等情况进行跟踪检查，检查是否存在未按批准的建设方案实施的现象，确保工作落实的有效性和实效性。

9. 探索岸线占用补偿制度

考虑资源稀缺程度、河道治理成本、市场供求关系、生态环境损害成本等因素，探索建立岸线资源有偿使用制度，促进岸线资源的节约、集约利用。出台长江岸线资源有偿使用指导意见，明确岸线资源使用权登记、岸线资源税费征收制度及岸线资源综合评价指标体系、征收标准。在指导意见出台前，省级人民政府依据相关规划，按照"科学布局，集约利用"的原则，可探索采用招标、拍卖、挂牌等市场手段对岸线资源进行有偿出让。

10. 利用科技手段，提高管理水平

对岸线已利用和未利用资源进行综合管理，实现信息整合与共享，是提升管理效率的有效方式。随着当前管理领域技术的不断推进，将一些手段用于三峡库区岸线资源的管理十分有必要。如利用遥感、监测技术，可实时掌握岸线的动态信息，了解岸线的变化情况，还可构建信息化管理平台，通过大数据分析等方法为岸线开发利用与保护提供决策支持。因此，必须加大科技投入，提升岸线资源的综合管理能力，做到与时俱进，实现高效管控。

参 考 文 献

曹宸, 李叙勇, 2018. 区县尺度下的河流生态系统健康评价: 以北京房山区为例[J]. 生态学报, 38(12): 4296-4306.

陈诚, 2012. 城市边缘区次级河流沿线住区规划研究[D]. 重庆: 重庆大学.

陈维肖, 刘玮辰, 段学军, 2020. 基于"流空间"视角的铁路客运空间组织分析: 以长三角城市群为例[J]. 地理研究, 39(10): 2330-2344.

陈云飞, 孙东坡, 何胜男, 2015. 河道整治工程对河流生态环境的影响与对策[J]. 人民黄河, 37(8): 35-38.

丁艳, 2019. 河道整治工程对河流生态环境的影响与对策[J]. 产业与科技论坛, 18(17): 226-227.

段学军, 王晓龙, 徐昔保, 等, 2019. 长江岸线生态保护的重大问题及对策建议[J]. 长江流域资源与环境, 28(11): 2641-2648.

郭建礼, 王斌, 张磊, 2010. 大沙河综合整治工程地质条件及评价[J]. 水科学与工程技术(3): 46-49.

郭丽峰, 张辉, 刘明喆, 等, 2018. 农村河道综合整治生态环境效益评估体系研究[J]. 生态与农村环境学报, 34(5): 474-480.

郭利君, 张瑞美, 2020. 北京市水生态治理问题与对策建议[J]. 水利发展研究, 20(11): 20-23, 55.

韩雪, 万晓敏, 赵林森, 2013. 昆明金殿森林公园2个园区景观生态效益分析[J]. 西北林学院学报, 28(5): 259-263.

胡琳, 何斐, 胡玲, 等, 2018. 新时代浙江省河湖管理发展路径与政策建议[J]. 人民长江, 49(21): 9-12.

胡杨, 严坤钦, 2015. 大黑河整治工程呼和浩特城区段堤防工程造价比选[J]. 内蒙古水利(5): 163-164.

黄伟涛, 2018. 渭河全线整治防洪工程减灾效益分析[J]. 陕西水利(4): 214-217.

蒋海兵, 徐建刚, 2010. 基于交通可达性的中国地级以上城市腹地划分[J]. 兰州大学学报(自然科学版), 46(4): 58-64, 69.

李洪奇, 林双, 钟志强, 等, 2020. 长江上游东溪口河段河床及滩险演变特性分析[J]. 水道港口, 41(6): 682-687.

李娟, 吴钢, 2018. 无锡市城市防洪工程国民经济效益分析[J]. 水利建设与管理, 38(12): 58-61.

李曦, 甄黎, 2015. 对防洪护岸工程环境影响评价有关问题的讨论[J]. 人民长江, 46(1): 74-77.

李建忠, 2019. 浅析城市防洪河道生态护岸形式设计[J]. 城市道桥与防洪(2): 125-126, 153, 16.

李文英, 2007. 渭河宝鸡市区段治理工程综合效益分析与评价[D]. 西安: 西安理工大学.

李文英, 2009. 洪水冲击可能有助于减少湿地温室气体排放[J]. 湿地科学与管理, 5(1): 29.

林宝城, 林琳, 2019. 基于VAR的港口物流与区域经济关联性分析: 以福建省港口为例[J]. 物流工程与管理, 41(9): 48-51, 56.

刘发, 袁义杰, 2019. 北京清河生态治理后评价研究[J]. 水利科技与经济, 25(7): 60-65.

刘海隆, 包安明, 陈曦, 等, 2008. 新疆交通可达性对区域经济的影响分析[J]. 地理学报(4): 428-436.

刘平, 2017. 山地城市沿江防洪设施的景观化研究[D]. 重庆: 西南大学.

刘平, 周建华, 2017. 重庆南滨路防洪护岸的景观化探讨[J]. 西南师范大学学报(自然科学版), 42(11): 100-106.

刘贤腾, 2007. 空间可达性研究综述[J]. 城市交通(6): 36-43.

刘迎, 2017. 水利工程项目综合效益评价方法研究[D]. 重庆: 重庆交通大学.

马荣华, 杨桂山, 陈雯, 2004. 长江江苏段岸线资源评价因子的定量分析与综合评价[J]. 自然资源学报 (2): 176-182, 273.

毛晓蒙, 刘明, 2021. 生产性服务业的产业关联与波及效应[J]. 统计与决策, 37(18): 116-119.

茅天颖, 2018. 跨江大桥对沿江区域土地利用影响研究[D]. 南京: 南京大学.

潘文达, 潘思延, 2011. 长江水运物流对区域经济贡献的量化分析[J]. 水运工程(5): 7-12, 39.

任晓红, 张宗益, 2013. 交通基础设施、要素流动与城乡收入差距[J]. 管理评论, 25(2): 51-59.

孙又欣, 姚黑字, 2013. 湖北长江河段防洪工程效益分析: 2012年7月与1998年7月长江洪水分析对比[J]. 中国防汛抗旱, 23(1): 52-55.

唐晓岚, 周铭杰, 杨阳, 等, 2021. 长江南京河段岸线景观资源保护对策探讨[J]. 人民长江, 52(11): 28-33, 55.

陶卓琳, 吴翠霞, 毛龙, 2019. 基于模糊模型识别法的土地整治生态效益评价: 以甘肃省平凉市为例[J]. 河南农业(26): 37-39.

王斌, 韩晓维, 刘云, 2019. 鳌江干流水头段防洪治理工程效益初步分析[J]. 浙江水利科技, 47(3): 16-20.

王恩, 章银柯, 林佳莎, 等, 2011. 杭州西湖风景区绿地货币化生态效益评价研究[J]. 西北林学院学报, 26(1): 209-213.

王海霞, 2007. 防洪工程促进沿江经济发展的效益量化研究[D]. 南京: 河海大学.

王利, 李白艳, 2012. 港口物流业对江苏省经济发展的影响分析: 基于投入产出法[J]. 江苏科技大学学报(社会科学版), 12(4): 67-73.

王晓玲, 唐欣, 李凌, 2015. 土地整治生态效益定量化评价: 以山东省章丘市绣惠镇为例[J]. 国土资源科技管理, 32(2): 81-87.

魏冉, 张先智, 黄可, 等, 2015. 综合整治工程对滇池流域典型城市河流采莲河水质及生态的影响[J]. 复旦学报(自然科学版), 54(4): 416-422.

吴翠霞, 冯永忠, 陶卓琳, 等, 2020. 白银市土地利用变化对生态系统服务价值的影响[J]. 中国农学通报, 36(11): 74-81.

吴晓青, 王国钢, 都晓岩, 等, 2017. 大陆海岸自然岸线保护与管理对策探析: 以山东省为例[J]. 海洋开发与管理, 34(3): 29-32.

吴新, 黄强, 邓晓青, 2005. 城市防洪工程效益分析[J]. 西北农林科技大学学报(自然科学版)(7): 108-110, 14.

吴新, 黄强, 邓晓青, 等, 2006. 防洪工程效益可靠性评价[J]. 水力发电学报(1): 104-107.

夏继红, 周子晔, 汪颖俊, 等, 2017. 河长制中的河流岸线规划与管理[J]. 水资源保护, 33(5): 38-41, 85.

肖阳, 谈广鸣, 翁朝晖, 等, 2016. 基于灰色层次分析法的城市防洪工程效益评价[J]. 武汉大学学报(工学版), 49(3): 347-351, 358.

肖阳, 宸嘉利, 2020. 水利工程中河道生态护坡施工技术探究[J]. 人民黄河, 42(S2): 176-177.

徐静波, 2018. 内河航道整治工程生态环境影响评价: 以三峡库区抱龙河为例[J]. 环境与发展, 30(6): 23-24.

徐文文, 殷承启, 许雪记, 等, 2018. 江苏省港口码头废水污染防治现状及影响研究[J]. 环境与发展, 30(12): 40-41, 43.

元媛, 黄继刚, 张细兵, 等, 2017. 库岸整治工程防洪安全评价指标体系初步研究[J]. 水利水电快报, 38(11): 114-118.

姚梦琪, 许敏, 2019. 交通基础设施建设对经济增长的影响: 以南京市过江通道为例[J]. 现代城市研究 (3): 97-102.

杨丽, 2017. 重庆地区中小河流综合治理后评价研究[D]. 重庆: 重庆交通大学.

杨丽, 申碧峰, 王强, 2017. 北京市中心城防洪防涝系统效益分析[J]. 人民长江, 48(20): 6-9, 34.

杨清可, 段学军, 王磊, 等, 2021. 长三角地区城市土地利用与生态环境效应的交互作用机制研究[J]. 地理科学进展, 40(2): 220-231.

杨志凌, 2005. 桂林防洪及漓江补水工程的生态效益与生态影响[J]. 广西水利水电(2): 60-63.

杨志凌, 2010. 乐滩水库引水灌区工程对水生态环境的影响及措施研究[J]. 广西水利水电(5): 25-28.

曾修彬, 曾小舟, 马星, 2014. 重庆市航空运输产业关联与波及效应分析[J]. 价值工程, 33(33): 15-18.

张爱剑, 吴丹, 2010. 湖北长江岸线资源的利用和开发探析[J]. 鄂州大学学报, 17(4): 9-14.

张贵军, 孙国敏, 2009. 水文测验设施建设洪水影响评价方法[J]. 黑龙江水利科技, 37(6): 69-70.

张瑞美, 王亚杰, 杨钢, 2021. 西北地区落实"以水定产"的问题与对策[J]. 水利发展研究, 21(5): 33-37.

张泽中, 李娜, 刘发, 等, 2020. 乡村振兴战略指导下的生态灌区建设与管理[J]. 水利水电科技进展, 40(2): 1-5, 28.

赵琳洁, 王小飞, 刘琦, 2018. 进一步加强浙江省海洋港口岸线资源统筹管理[J]. 中国港口(8): 10-12.

赵云飞, 张晓伟, 2015. 生态学在城市建设中的应用研究[J]. 安徽建筑, 22(2): 15, 37.

周素红, 廖伊彤, 郑重, 2021. "时—空—人"交互视角下的国土空间公共安全规划体系构建[J]. 自然资源学报, 36(9): 2248-2263.

朱文兰, 高强, 2017. 重庆市主城区防洪减灾形势及需求分析[J]. 中国防汛抗旱, 27(4): 60-64.

ARTURO L, YUN T, DUAN C, et al., 2018. Dynamic management of water storage for flood control in a wetland system: A case study in Texas[J]. Water, 10(3): 325.

CAIRNS J, HECKMAN J R, 1996. Restoration ecology: The state of an emerging field[J]. Annual review of energy and the environment, 21(1): 167-189.

CHARNES A, COOPER W W, RHODES E, 1978. A data envelopment analysis approach to evaluation of the program follow through experiment in U.S. public school education[R]. Pittsburgh: Carnegie-Mellon Univ Pittsburgh pa management sciences research group.

DUONG A, GREET J, WALSH C J, et al., 2019. Managed flooding can augment the benefits of natural flooding for native wetland vegetation[J]. Restoration ecology, 27(1): 38-45.

GRAY D H, SOTIR R B, 1996. Biotechnical and soil bioengineering slope stabilization: A practical guide for erosion control[M]. Hoboken: John Wiley & Sons.

HAUER F R, LORANG M S, 2004. River regulation, decline of ecological resources, and potential for restoration in a semi-arid lands river in the western USA[J]. Aquatic sciences, 66(4): 388-401.

LEONTIEF W, 1986. Input-output economics[M]. Oxford: Oxford University Press.

MARTÍNEZ-FERNÁNDEZ V, GONZÁLEZ E, LÓPEZ-ALMANSA J C, et al., 2017. Dismantling artificial levees and channel revetments promotes channel widening and regeneration of riparian vegetation over long river segments[J]. Ecological engineering, 108: 132-142.

MIYATA Y, ABE H, 1994. Measuring the effects of a flood control project: Hedonic land price approach[J]. Journal of environmental management, 42(4): 389-401.

SANTOPIETRO G D, SHABMAN L A, 1992. Can privatization be inefficient? The case of the Chesapeake Bay oyster fishery[J]. Journal of economic issues, 26(2): 407-419.

SEIFERT A, 1938. Naturnaeherer wasserbau[J]. Deutsche wasserwirtschaft, 33(12): 361-366.

STRAUSS E A, RICHARDSON W B, CAVANAUGH J C, et al., 2006. Variability and regulation of denitrification in an Upper Mississippi River backwater[J]. Journal of the north American benthological society, 25(3): 596-606.

VAN DE WAL M, DE JAGER B, 2001. A review of methods for input/output selection[J]. Automatica, 37(4): 487-510.

WURBS R A, 1983. Economic feasibility of flood control improvements[J]. Journal of water resources planning and management, 109(1): 29-47.